G. E. Rajakovics

?SEELE?

Naturwissenschaft
und
GOTT

VORWORT

Sehr geehrte Leserin, sehr geehrter Leser!

Die Grundfragen des Menschen „Wer bin ich?" und „Was ist der Sinn meines Lebens?", verbunden mit der Frage von Goethes Faust „Was ist es, das die Welt im Innersten zusammenhält?", stellen sich auch dem Natur- und Ingenieurwissenschaftler. Ihre Beantwortung muss den Prinzipien seines wissenschaftlichen Denkens, das die Grundlage seines Berufes ist, entsprechen.

In meinem jahrzehntelangen Leben als Wissenschaftler und Forscher ergaben sich, neben den angestrebten Ergebnissen der Tagesarbeit, auch Überlegungen grundsätzlicher Art. Sie haben mein Weltbild wesentlich geprägt. Dieses Weltbild konnte nicht allein auf dem eigenen Fachgebiet aufgebaut werden. Es war notwendig auch Wissen aus anderen Fachgebieten einzubeziehen. Dabei ist man als Fachfremder in Gefahr sehr stark zu vereinfachen und wohl auch manches falsch zu interpretieren. Die Fachleute dieser Gebiete bitte ich, mir die damit verbundenen Fehler zu verzeihen. Für entsprechende Hinweise bin ich natürlich dankbar.

Wiederholt haben Freunde mich aufgefordert, meine langjährigen Überlegungen niederzuschreiben. Dieses Buch ist das Ergebnis. Es ist keine wissenschaftliche Abhandlung. Vielmehr richtet es sich an alle, die vom naturwissenschaftlich-orientierten Denken unserer Zeit geprägt sind und spüren, dass dieses in der üblichen Form auf viele Fragen unseres Daseins keine gültigen Antworten geben kann.

Für die Behandlung meines naturwissenschaftlichen Weltbildes, das durch eine grundlegende Erkenntnis wesentlich beeinflusst ist, mussten einige Begriffe in ihrer Bedeutung präzisiert werden. Sie unterscheiden sich dadurch von der üblichen Bedeutung. Das kann anfangs Schwierigkeiten bereiten. Ich hoffe aber, dass Sie sich rasch daran gewöhnen werden.

Der 1. Teil des Buches behandelt mein naturwissenschaftliches Weltbild.

Der 2. Teil konfrontiert dieses Weltbild mit dem christlichen Glauben.

Ich bekenne mich seit meiner Jugend zum Christentum. Die Gegenüberstellung von Naturwissenschaft und christlichem Glauben war mir stets ein großes Anliegen.

Die Überlegungen in diesem Buch sind vielfach das Ergebnis von „inneren Dialogen", in denen ein Problem von verschiedenen Seiten beleuchtet wurde. Darüber hinaus waren Gespräche mit Anderen die

Basis vieler Erkenntnisse. Für die Darstellung der Gedanken in diesem Buch wurde ebenfalls die Form eines Dialogs gewählt.

Die Haupterkenntnisse werden durch die Kunstfigur „Dr. Fausten" wiedergegeben. Den notwendigen kritischen, fragenden, auch hinterfragenden Partner stellt die Kunstfigur des Journalisten „Tim" dar.

Für den 2. Teil des Buches wurde zusätzlich die Klosterschwester „Sr. Paula" als Gesprächspartnerin geschaffen.

Alle drei „Personen" entsprechen keinen realen Personen, sondern dienen nur dazu, die Erkenntnisse in eine lesbare Form zu bringen.

Lassen Sie sich von manchen Details, etwa physikalischen Erläuterungen, die meist durch Einrücken des Absatzes gekennzeichnet sind, nicht abschrecken. Sie sollen das Verständnis des Hauptgedankenganges erleichtern, sind aber dazu nicht unbedingt erforderlich. Sie können, wenn Sie wollen, diese Erläuterungen auch überspringen.

Hoffend, dass dieses Buch für Sie gewinnbringend sein kann, wünscht Ihnen anregende Lesestunden Ihr

G. E. Rajakovics

Themenübersicht

13

1. Teil

Grundfragen des Mensch-Seins

Tim:

Herr Dr. Fausten, Sie sind ein anerkannter Wissenschaftler und Ingenieur. Weshalb befassten Sie sich mit der Frage, was die menschliche Seele sei? Diese Frage gehört doch nicht zu Ihrem Fachgebiet.

Dr. Fausten:

Ja, das stimmt. Aber ich bin nicht nur Wissenschaftler und Ingenieur, sondern auch ein Mensch!

Die großen existenziellen Fragen menschlichen Lebens "Wer bin ich?", "Woher komme ich und wohin gehe ich?", "Was ist der Sinn meines Lebens?" betreffen auch mich.

Wenn man versucht, auf diese Fragen Antworten zu finden, stößt man auch zwangsläufig auf die Frage, was die menschliche Seele sei.

Dabei ergab sich ein grundsätzliches Problem: Alles, was ich fand, entsprach nicht meiner naturwissenschaftlichen Denkweise.

Zwei Beispiele: So stand in Meyers Taschenlexikon, dass „die Seele das geistige, lebensspendende Prinzip im

15

Menschen" sei. Es gäbe aber sehr unterschiedliche Vorstellungen über den an sich weitverbreiteten Begriff der Seele. Eine davon sei die sogenannte „Ich- oder Ego-Seele, die als Geist, Wille und Gemüt eines Menschen verstanden und gewöhnlich im Kopf oder im Herzen lokalisiert gedacht wird". Heute werde die Bezeichnung Seele als wissenschaftlicher Begriff kaum noch verwendet. [a]

In Herders theologischem Lexikon stand u. a.: „Die Seele ist nicht selbst der Mensch […], sie ist jenes Wesenselement […], durch das er seine Transzendenz - entgegen den Aussagen des psychologischen Aktualismus - als Naturvollzug begreift." [b]

Solche Aussagen waren mit meiner naturwissenschaftlichen Denkweise nicht kompatibel.

Tim:

Was meinen Sie damit konkret?

Dr. Fausten:

In der Naturwissenschaft ist die Grundlage aller Überlegungen die *Beobachtung der Natur*. Diese Basis konnte ich in den vorgefundenen Aussagen

---

[a] (DIGEL, et al., 1981) Bd.20, S.68.
[b] (KLINGER, 1973)

16

nicht erkennen. Ich fand auch keine tragfähige Brücke zwischen meiner Denkweise und der offenbar philosophisch bzw. philosophisch/theologischen Basis dessen, was ich fand. Andererseits war mir klar, dass viele kluge Köpfe hinter diesen Überlegungen standen.

Vielleicht war das naturwissenschaftliche Denken, so wie ich es kannte, einfach nicht in der Lage, sich mit diesen Fragen seriös auseinanderzusetzen? Musste man vielleicht hier ansetzen?

Naturwissenschaftlicher Neopositivismus

Die ungeheuren Fortschritte in Naturwissenschaft und Technik der letzten über 100 Jahre verdanken wir zu einem guten Teil den neopositivistischen Prinzipien. Diese gehen wesentlich auf den bedeutenden Physiker und Philosophen Ernst MACH (1838 - 1916) zurück.

Dieser naturwissenschaftliche Neopositivismus [a] vertritt die erkenntnistheoretische Auffassung, dass *ausschließlich* das in der Natur unmittelbar oder experimentell Beobachtbare, in Form der tatsächlichen *Beobachtungsdaten*, Basis wissenschaftlicher Schlüsse und Theorien sein dürfe. Die Aufgabe des

---

[a] Auch als „Empiriokritizismus" bezeichnet.

Naturwissenschaftlers sei es nur, *Beziehungen zwischen beobachteten Größen herzustellen.* Was nicht beobachtbar sei, sei naturwissenschaftlich nicht existent! Fragen, was *hinter* den beobachteten Größen - vielleicht eine tiefere, durch Beobachtung nicht direkt erkennbare Ursache der beobachteten Größen - sein könnte, seien unwissenschaftlich und sinnlos.

So ist es nach Mach z. B. sinnlos zu fragen, *was* eigentlich Elektrizität sei. Das sei eine unwissenschaftliche, „nicht sachhaltige" Frage, denn man könne ausschließlich nur die *Wirkungen* der Elektrizität beobachten. Jeder Versuch, etwas über das *hinter* den Wirkungen Vorhandene zu erkennen, könnte niemals erfolgreich sein, da grundsätzlich durch jedes hierfür erdachte Experiment nur wieder *Wirkungen* der Elektrizität beobachtbar wären. [a]

Wir alle haben gelernt, wie Ernst Mach zu denken. Und die Erfolge, die mit dieser bewussten Selbstbeschränkung der Tätigkeit des Wissenschaftlers erzielt wurden, bestätigten uns ja ständig, dass Mach Recht hatte.

---

[a] Nach (JORDAN, 1972) S. 9ff.

Aber: Wenn etwas allzu selbstverständlich scheint, sollte man es grundsätzlich hinterfragen. Und das tat ich.

Tim:

Und hatten Sie Erfolg?

Die Grunderkenntnis

Dr. Fausten:

Ja! Ich habe den Schritt aus dem Neopositivismus hinaus gewagt und mich gefragt, *was* wir wirklich beobachten. Und ich bin zu einer ganz wesentlichen Erkenntnis gekommen:

Alles, was mit naturwissenschaftlichen Methoden beobachtbar ist, ist strukturierte Energie und nur strukturierte Energie!

Alles Beobachtbare, alles Materielle, das ganze Universum besteht aus strukturierter Energie!

Das war und ist auch heute noch meine Grunderkenntnis! Auf ihr aufbauend, musste ich mein ganzes bisheriges Weltbild überarbeiten. Es hat sich dabei stark verändert und unterscheidet sich nun von meinem vorherigen und dem üblichen Weltbild in mancher Hinsicht wesentlich.

Tim:

Was hat Sie zu dieser ungewöhnlichen Auffassung gebracht?

Dr. Fausten:

Was beobachten wir naturwissenschaftlich? Das Gebiet der Naturwissenschaft befasst sich ausschließlich mit Materiellem, denn nur dieses ist im Sinne der Naturwissenschaften beobachtbar. Daher war die erste Frage, die zu beantworten war: Was ist denn Materie? Was ist ein gemeinsames Charakteristikum für alles Materielle? Es ist seine Masse! Alles Materielle besitzt eine Masse.

Die „Masse" wird in Kilogramm (kg) gemessen. Da das Gewicht, also die Erdanziehungskraft, die in Newton (N) gemessen wird, proportional der Masse ist, wird im allgemeinen Sprachgebrauch häufig (physikalisch nicht korrekt) die Masse einer Sache als deren Gewicht bezeichnet.

1905 hat Albert EINSTEIN (1879 - 1955) seine spezielle Relativitätstheorie geschaffen. Sie besagt auch, dass Masse und Energie äquivalent sind. Einstein selbst formuliert das so:

"Masse und Energie sind also wesensgleich, d. h., nur verschiedene Äußerungsformen derselben Sache." [a]

---

[a] (EINSTEIN, 1963a) S.30.

Seine Erkenntnis hat Einstein in der berühmten Gleichung $E = m*c^2$ ausgedrückt. In dieser Gleichung ist "m" die Masse in Kilogramm einer Sache, "c" die Geschwindigkeit von Licht im Vakuum (etwa 300.000 km je Sekunde) und "E" die dieser Masse entsprechende Energie in Newtonmeter bzw. Joule. Ein einziges Kilogramm jeder beliebigen Substanz enthält daher eine Energie von rund $9*10^{16}$ Joule. Das entspricht z. B. der frei werdenden Wärme bei der Verbrennung von über 2 Millionen Tonnen Heizöl. Dafür würde ein Eisenbahnzug mit Großkesselwagen von mehr als 500 km Länge benötigt.

Diese von Einstein theoretisch postulierte Äquivalenz von Energie und Masse ist experimentell sehr genau überprüft worden. Sie wird z. B. großtechnisch in allen Kernkraftwerken zur Gewinnung elektrischer Energie genützt. Sie kann als bestens gesicherte Erkenntnis der Naturwissenschaften gelten.

Tim:

Kernenergie - das ist Physik! Was hat das mit der „Seele" zu tun, über die wir sprechen wollten?

Dr. Fausten:

Nur Geduld! Ich muss versuchen, Sie zunächst von der Richtigkeit meiner auf der Beobachtung der Natur basierenden Grundthese zu überzeugen. Diese ist der Schlüssel zu den neuen Erkenntnissen. Wir wissen also durch Einstein, dass alles Materielle aus Energie besteht, deren Größe genau proportional der Masse ist! Ich möchte besonders betonen, dass diese Energie ausschließlich von der Masse, oder volkstümlich ausgedrückt vom Gewicht, nicht aber von irgendwelchen anderen Eigenschaften abhängt!

Wie ich schon sagte, können wir mit naturwissenschaftlichen Methoden nur Materielles, also Dinge mit Masse, beobachten. Somit befassen wir uns naturwissenschaftlich ausschließlich mit Dingen, die aus Energie bestehen!

Alles naturwissenschaftlich Beobachtbare besteht aus Energie!

Man kann diese Energie auch messen, indem man die Masse des Beobachteten bestimmt. Das ist nicht neu. Diese Messungen reichen aber nicht aus, um die Vielfalt des Beobachtbaren zu erklären.

Tim:

Was meinen Sie damit?

Dr. Fausten:

Ein Beispiel:

Ein Stein mit einer Masse von 70 kg und ein Mensch mit ebenfalls 70 kg bestehen aus exakt gleich viel Energie.

Trotz der gleichen Energie unterscheiden sich der Stein und der Mensch aber *wesentlich*. Die Masse eines Wesens, sein Energiegehalt, kann also *allein* nicht für das Wesen kennzeichnend sein!

Es muss offensichtlich eine zweite Komponente, etwas Nichtenergetisches, in allem Materiellen enthalten sein, das für die Erklärung der Vielfalt des Beobachtbaren maßgebend ist!

Dieses, das *Wesen* Stein und das *Wesen* Mensch „*wesentlich*" Unterscheidende ist die Art, wie die Energie der Wesen strukturiert ist. Es ist die STRUKTUR! *Diese ist das für das Wesen Kennzeichnende!* Daraus folgt meine schon ausgedrückte Grunderkenntnis:

Alles, was mit naturwissenschaftlichen Methoden beobachtbar ist, ist strukturierte Energie und nur strukturierte Energie!

Tim:

Mir ist nicht klar, welche Bedeutung die von Ihnen verwendeten Begriffe haben. Was verstehen Sie unter „Wesen"?

Wesen

Der Begriff „Wesen" wird sehr unterschiedlich verstanden.[a] In meinen Überlegungen verstehe ich *unter „Wesen" jede prinzipiell beobachtbare materielle Einheit, und zwar in ihrer Ganzheit!*

„Wesen" ist in meinen Überlegungen ein sehr weiter Begriff. Er umfasst Atome, Moleküle, Minerale, ebenso wie alle Lebewesen, also auch jeden Menschen, aber auch Gestirne, ja sogar den Kosmos als Ganzes. Letzterer ist zwar streng genommen nicht wirklich beobachtbar, denn wir können nur einen Ausschnitt beobachten.

Da ich von der Beobachtung oder zumindest Beobachtbarkeit als Grundlage aller Überlegungen ausgehe, betrachte ich das Beobachtete zur Gänze als real.

Tim:

Mir war das vorhin unklar, als Sie einen Stein und einen Menschen mit je 70 kg verglichen und sagten, dass es die unterschiedliche *STRUKTUR* sei, die den Stein vom Menschen „*wesentlich*" unterscheide. Dieses *Wesentliche* sei die Art, wie die bei beiden

---

[a] (DIGEL, et al., 1981) Bd.24, S.97.

Wesen gleich große Energie verschieden strukturiert sei. Habe ich Sie richtig verstanden?

Die zwei Komponenten der Materie

Dr. Fausten:

Ja, das ist korrekt. Alles Materielle besteht aus zwei Komponenten, aus Energie einerseits und STRUKTUR andererseits.

Energie und STRUKTUR sind die zwei Komponenten alles Materiellen.

Materie besteht aus Energie und STRUKTUR. Man könnte auch sagen:

Materie entsteht aus Energie durch deren Strukturierung.

Alle Wesen, seien es Atome, Mineralien, Pflanzen, Tiere, Sonnensysteme, ja der ganze Kosmos und auch der Mensch unterscheiden sich voneinander, abgesehen von der Menge an Energie, also ihrer Masse, *wesentlich,* also für ihr Wesen kennzeichnend, durch ihre STRUKTUR.

STRUKTUR selbst besitzt keine Masse, man kann sie nicht „abwiegen", sie ist etwas rein Geistiges. Geistiges besitzt keine Masse, also keine Energie im physikalischen Sinn.

Alles in der Natur, jedes Wesen, vom einzelnen Atom bis zum Menschen, hat daher zwei Seiten:

eine *energetische Seite einerseits und eine geistige Seite andererseits.*

Alles Materielle besitzt zwei Seiten, eine energetische Seite und eine geistige Seite!

<u>Tim:</u>

Könnten Sie auch den Begriff der *STRUKTUR*, der offenbar zentrale Bedeutung in Ihren Überlegungen hat, näher erläutern?

STRUKTUR

<u>Dr. Fausten:</u>

Auch der Begriff „STRUKTUR" wird sehr verschieden verstanden. In meinen Überlegungen verstehe ich unter *STRUKTUR, die geordnete, ein bestimmtes materielles System kennzeichnende Gesamtheit aller systemimmanenten, logisch verknüpften Beziehungen, Bedingungen und integrierten Informationen.*

Diese Definition ist recht abstrakt und ich möchte daher versuchen, den Begriff „STRUKTUR", wie ich ihn benütze, an einem Beispiel verständlicher zu machen.

Ein Buch ist zunächst etwas Materielles. Es ist materiell, denn man kann es abwiegen, es hat eine Masse. Das ist, wie wir schon festgestellt haben, charakteristisch für alles Materielle.

Das *Wesentliche* eines Buches ist aber nicht sein Gewicht, seine Masse. Das Wesentliche des Buches ist das, was es wiedergibt: Es ist das Wissen des Autors, sind seine Gedanken. Das kann man nicht abwiegen. Wissen ist masselos, enthält keine Energie im physikalischen Sinn, es ist daher genau das, was ich als „geistig" bezeichne.

Ein Komponist mag in Tönen denken, ein Maler in Formen und Farben. Der Autor eines Buches denkt in einer Sprache. Sein Wissen will der Autor weitergeben. Er drückt es in Worten und Sätzen aus. Die Worte und Sätze des Buches informieren den Leser über das Wissen des Autors. Der Autor muss die Worte und Sätze so wählen, dass der Leser seine Gedanken erkennt und versteht. Verwendet der Autor andere Worte und Sätze, vermitteln sie eine andere Information.

Dem Autor stehen nur die 26 Buchstaben der Schrift sowie ein paar Satzzeichen zur Verfügung, um das Wissen, das er weitergeben möchte, niederzuschreiben. Damit das Buch in der Sprache des Autors bestimmte Informationen vermittelt, muss der Autor nicht nur ganz bestimmte Buchstaben und Satzzeichen auswählen, er muss sie auch in ganz bestimmter Weise anordnen. Die Worte ABER und RABE bestehen aus den gleichen vier Buchstaben, haben aber ganz verschiedene Bedeutung und transportieren im Buch ganz verschiedene Gedanken.

Auswahl und Anordnung der Buchstaben und Satzzeichen des Buches müssen also ganz bestimmte Bedingungen erfüllen, damit sie die gewünschte Information vermitteln können. Sie können als ein *Paket spezifisch verknüpfter Bedingungen* betrachtet werden, das durch seine Art jene Informationen vermitteln kann, mit deren Hilfe der Autor dem Leser Wissen mitteilen möchte.

Dieses Paket logisch verknüpfter Bedingungen einschließlich der integrierten Informationen möchte ich die STRUKTUR des Buches nennen.

Erst durch diese STRUKTUR wird aus Papier und Druckerschwärze das gewünschte Buch, das den Leser in der Sprache des Autors an dessen Wissen teilhaben lassen kann.

Tim:

Sie haben jetzt mehrere Begriffe von offenbar jeweils Geistigem verwendet, nämlich STRUKTUR, Gedanken bzw. Wissen und Information. Mir ist nicht klar, was Sie unter Information verstehen.

Information

Dr. Fausten:

Danke, das ist eine gute Frage. Der Begriff „Information" wird recht verschieden definiert und verwendet. [a] Gemeinsam scheint zu sein, dass es um Wissensvermittlung von einem Sender an einen Empfänger geht. Dieser Aspekt steht auch im Mittelpunkt des Begriffes Information, wie ich ihn verwende: *Information ist jenes Wissen, dass von einem Wesen einem anderen Wesen vermittelt wird bzw. vermittelt werden kann.* Information hängt damit in der Regel von beiden Wesen, nämlich dem Sender und dem Empfänger des Wissens ab. Der Sender muss das Wissen besitzen, bereit und fähig sein, es abzugeben, der Empfänger muss bereit und in der Lage sein es, aufzunehmen und zu verwenden. Darüber hinaus muss es einen funktionierenden „Informationskanal" zwischen Sender und Empfänger geben.

Tim:

Könnten Sie das wieder an einem Beispiel erläutern?

Dr. Fausten:

Nehmen wir wieder unser Buch, das im Grunde 2 Informationsvorgänge enthält. Der Autor (Wesen A)

---

[a] (WIKIPEDIA, 2018)

möchte den Leser (Wesen C) an seinem Wissen teilhaben lassen. Der Leser will am Wissen des Autors teilhaben. Als „Informationskanal" dient das Buch (Wesen B). Wesen A besitzt Wissen und ist bereit und fähig es weiter zu geben. Wesen C möchte dieses Wissen bekommen und ist, so er des Lesens und der Sprache kundig ist, fähig, es aufzunehmen.

In einem ersten Schritt muss Wesen A, der Autor, das Wissen dem Wesen B, dem Buch, vermitteln. Das zu transportierende Wissen wird dadurch zu einer Information. Diese Information (1) wird zunächst im Wesen B zwischengespeichert, indem es in die STRUKTUR von Wesen B integriert wird. Damit ist der erste Informationsvorgang abgeschlossen. Der Leser, also Wesen C, liest das Buch. Dabei kann die in der STRUKTUR des Buches (Wesen B) vom ersten Informationsvorgang integrierte Information (1) zur Information (2) für diesen zweiten Informationsvorgang werden. Durch Information (2) erhält Wesen C, also der Leser, vom Wesen A, dem Autor, zur Verfügung gestelltes Wissen.

Ob und wie weit die vom Autor an das Buch übermittelte Information (1) auch zur Information (2) für den Leser wird, hängt auch vom Leser ab. Die im Buch gespeicherte Infomation (1) kann vom Leser nur übernommen werden, wenn er die Sprache einschließlich eventueller Fachausdrücke des Autors beherrscht. Information (1) und Information (2) sind auch nur gleich, wenn der Leser das ganze Buch liest. Interessiert er sich nur für einen Teil - das wird bei allen Nachschlagwerken, aber auch sonst häufig der Fall sein - dann ist Information (2) nur ein Teil der in der STRUKTUR von Wesen B integrierten Information (1). Die Entscheidung darüber, welcher Teil von Information (1) in Information (2) abgebildet wird, trifft der Leser.

Tim:

Der Begriff der Information ist mir jetzt klarer. Wodurch unterscheidet sich die STRUKTUR des Buches von der zu transportierenden Information?

Dr. Fausten:

Die integrierte Information ist nur ein Teil der STRUKTUR des Buches. Ein Buch, in dem die Buchstaben chaotisch ohne jeden Sinn angeordnet wären, das also keine Information enthielte, hätte durch deren Anordnung auch STRUKTUR. Selbst Papier und Druckerschwärze sind als Unterstruktur Teil der STRUKTUR des Buches.

Energie und STRUKTUR

<u>Tim:</u>

O.K. habe ich verstanden. Sie sagten vorhin, dass die STRUKTUR eine zweite, von der Energie unabhängige Komponente der Materie ist. Kann die STRUKTUR nicht selbst Teil der Energie sein und von dieser bestimmt werden?

<u>Dr. Fausten:</u>

Wesen können unter Beibehaltung ihrer Masse durch Veränderung der STRUKTUR zu neuen Wesen werden. STRUKTUR ist Geistiges und daher ist ihre Veränderung auch ein geistiger Vorgang. STRUKTUR kann durch einen geistigen Input verändert werden. Ein geistiger Vorgang kann somit ohne Änderung der Masse, also der Größe der Energie, Neues schaffen. Die Energie selbst hat keinen Einfluss darauf, wie diese Veränderung erfolgt. STRUKTUR kann daher nicht Teil der energetischen Komponente sein.

Ich möchte das am Beispiel der Schaffung der Tonskulptur durch einen Künstler deutlich machen:

Die Masse des vom Künstler verwendeten Tons ändert sich bei der Entstehung der Skulptur nicht. Dennoch ist die Skulptur etwas völlig Anderes, als der ursprüngliche „Tonklumpen". Der wesentliche Unterschied zwischen dem Wesen „Tonklumpen" und dem Wesen „Skulptur" ist die Änderung der STRUKTUR des Tons zwischen „Tonklumpen" und „Skulptur". Die Masse des Tons, seine Energie hat sich nicht verändert. [a] Die Veränderung des Tons vom „Tonklumpen" zur „Skulptur", die Änderung der STRUKTUR des Tons, ist die Folge des geistigen Inputs des Künstlers, also eines rein geistigen Vorgangs.

Es gäbe viele Beispiele in der Natur für derartige Vorgänge. Ein etwas abstrakteres, aber dafür voll schlüssiges Beispiel ist der Kosmos als Ganzes. Die Energie des Kosmos, seine Masse ist unveränderlich seit dem Urknall immer gleich geblieben. Die STRUKTUR des Kosmos war aber zum Zeitpunkt des Urknalls, einige Millionen Jahre später sowie heute jeweils völlig verschieden. Die STRUKTUR des Kosmos, und damit sein Erscheinungsbild, hat sich seit dem Urknall total verändert. Auch derzeit verändert sich der Kosmos in seiner STRUKTUR ständig. Unzählbar viele Wesen entstehen und vergehen in jeder Sekunde. Das ist nur erklärbar, wenn die STRUKTUR nicht Teil der Energie ist. Offensichtlich wird die STRUKTUR nicht von der

---

[a] Die Energie der manuellen Arbeit des Künstlers kann man vernachlässigen, sie ist unmessbar klein im Verhältnis zu der im Material steckenden Energie nach Einstein.

Energie bestimmt, sondern ist eigenständig wirksam und bildet zusammen mit der Energie die beobachtbaren materiellen Wesen.

Tim:

Üblicherweise betrachtet man seit der Antike Materie und Geist als Antagonisten, als Gegner. Ich bin mir nicht klar, ob Ihr Begriff des „Geistigen" auch als Antagonist des Materiellen zu betrachten ist.

Dr. Fausten:

Nein, sicher nicht!! Ich sagte ja vorhin, dass Energie und STRUKTUR die zwei *Komponenten* alles Materiellen sind. Die geistige STRUKTUR ist ein *Teil* des Materiellen. Materie besteht aus Energie und STRUKTUR, also aus Energie und Geistigem. Dieses Geistige kann als *Antagonist der Energie* bezeichnet werden, nicht aber der Materie. Die geistige Seite der Materie, die STRUKTUR, ist sogar, davon bin ich überzeugt, das *Wesentliche* aller Wesen, das die Wesen primär Charakterisierende.

Energie

Tim:

Materielles besteht, wenn ich Sie richtig verstanden habe, aus Energie und Geistigem. Ich habe damit Schwierigkeiten, mir sind schon die Begriffe unklar. Was ist eigentlich „Energie"?

Dr. Fausten:

Was Energie sei, ist nach Ernst Mach eine typisch „nicht sachhaltige" Frage, eine Frage, die nach positivistischem Grundsatz als sinnlos betrachtet werden muss. Wir können nämlich Energie nicht direkt beobachten, sondern nur indirekt aufgrund ihrer Auswirkungen, also der durch Energie bewirkten Veränderungen. Physiker weichen daher einer Definition meist aus. Anstelle einer Definition werden eher die vielen Ausdrucksformen von Energie beschrieben.

Ich möchte der Frage wegen der Bedeutung für meine Theorie nicht ausweichen:

Energie ist Voraussetzung jeder physischen Veränderung:

- Energie ist die Fähigkeit sich selbst zu verändern.

Das klingt zwar etwas philosophisch, aber bei solchen Fragen kommt man um ein gewisses Maß an Philosophie nicht vorbei.

Dieser Definition folgend wird Energie die Tendenz haben, sich ständig zu verändern, da sie sich dadurch manifestiert:

- Energie manifestiert sich durch Veränderung.
- Veränderung bedeutet Aufeinanderfolge von Unterscheidbarem.
- Aufeinanderfolge von Unterscheidbarem ist das Charakteristikum von Zeit.
- Energie bedeutet daher Entstehung von Zeit; Zeit ist eine Folge von Energie:
- *Energie schafft die Zeit.*

Tim:

Was Sie da sagen, finde ich richtig aufregend. Habe ich Sie richtig verstanden, dass die Zeit eine Folge der Energie sei? Ich dachte immer die Zeit sei von allem unabhängig, etwas Absolutes.

Dr. Fausten.

Sie haben mich richtig verstanden. Allerdings war auch NEWTON der Ansicht, dass die Zeit absolut sei. [a] Erst EINSTEIN hat 1905 mit der Speziellen Relativitätstheorie gezeigt, dass der Zeit nicht absolut ist. [b]

Zeit ist eine Folge von Energie und mit ihr zwingend verbunden.

---

[a] (BÜHRKE, 2015), S.14
[b] (EINSTEIN, 1963), S 18ff.

Das Gleiche gilt nach der Allgemeinen Relativitäts-theorie für den *Raum.* Raum existiert nur, wo Energie ist. [a] Raum ist von der mit ihm verbundenen Energie abhängig, er ist mit ihr zwingend verbunden.

- Raum und Zeit hängen unmittelbar von Energie ab, man kann sie als Charakteristika der Energie bezeichnen.

Tim:

Was kann sich an der Energie verändern? Die Größe, also ihr Betrag?

Dr. Fausten:

Nein, die Größe der Energie ist für ein ab-geschlossenes, ein „energiedichtes" System, dem also keine Energie von außen zugeführt oder von ihm abgeführt wird, immer konstant; das ist eines der grundlegenden Naturgesetze, das bisher durch keine Beobachtung schlüssig widerlegt ist. Der sogenannte Energieerhaltungssatz ist fundamental:

- Energie kann nicht entstehen oder vernichtet werden.

Damit sich Energie verändern kann, muss sie unter-scheidbare Eigenschaften aufweisen können, sie

---

[a] (EINSTEIN, 1963), S. 97 ff (Raum ist von der Existenz von Feldern, insbesondere des Gravitationsfeldes abhängig. Diese sind aber grundsätzlich energetisch.)

muss strukturiert sein. Energie bleibt auch in ihrer Veränderung Energie. Es entsteht durch die Veränderung nichts grundsätzlich Neues! Es ändert sich nur die mit der Energie verbundene STRUKTUR. Energie ist von STRUKTUR abhängig; sie kann sich allein nicht manifestieren. Sie ist allein zumindest naturwissenschaftlich nicht beobachtbar. Ohne STRUKTUR ist sie gewissermaßen „tot".

Tim:

Die STRUKTUR ist aber „Geistiges", wie Sie früher sagten. Wenn Energie ohne STRUKTUR nicht existiert, dann ist doch die STRUKTUR und damit das Geistige Teil der Energie. Dieser Vermutung haben Sie aber vorhin widersprochen.

Dr. Fausten:

Ich habe nicht behauptet, dass Energie ohne STRUKTUR prinzipiell nicht existieren könnte. Sie wäre allerdings naturwissenschaftlich nicht beobachtbar und daher würde sie aus neopositivistischer Sicht auch nicht existieren. Alles Energetische, was wir naturwissenschaftlich beobachten können, besitzt tatsächlich STRUKTUR. [a]

---

[a] In Form von Orientierung, die sich zumindest als Impuls und/oder Drehimpuls energetisch manifestiert (siehe auch S. 62).

Geistiges

Und was verstehen Sie dann unter „Geistiges"? Wie unterscheidet sich dieses von der Energie?

Dr. Fausten:

Auch das Geistige beobachten wir naturwissenschaftlich immer in irgendeiner Weise mit Energie verbunden. Sowohl Energie als auch Geistiges lassen sich naturwissenschaftlich (leider) nur in ihrer Symbiose, im Materiellen beobachten. Das ist eine Folge dessen, was wir unter naturwissenschaftlicher Beobachtung verstehen. Messend beobachten können wir nur Materielles.

Dennoch ist das Geistige *als solches* grundsätzlich von Energie unabhängig, ja der *Antagonist* von Energie.

Da Geistiges der *Antagonist* von Energie ist, ist Geistiges im Gegensatz zur Energie

- *masselos,*

- *raumlos,*

- *zeitlos.*

Daraus ergeben sich sehr wesentliche Eigenschaften des Geistigen, die es vom Energetischen unterscheiden. So ist z. B. der vorhin genannte Erhaltungssatz nur für das Energetische gültig.

Tim:

Sie meinen, für Geistiges gebe es keinen solchen Erhaltungssatz?

Dr. Fausten:

Ja, für Geistiges gibt es tatsächlich kein solches Gesetz! Geistiges ist umfangmäßig nicht begrenzt, d. h., es kann sich erweitern, vergrößern, aber auch verringern und vernichtet werden. Mehr noch: Geistiges hat sogar das Bestreben, sich zu vergrößern, zu „wachsen".

Dieses Bestreben kann man gut beobachten. Wissenschaft und Kunst sind Gebiete besonders intensiver geistiger Tätigkeiten des Menschen. Sie sind daher gut geeignet für die Beobachtung von Geistigem und seinen Eigenschaften. Sie werden mir zustimmen, dass kein echter Künstler meint, in der Kunst gebe es nichts mehr zu tun, sie sei abgeschlossen. Im Gegenteil: Jeder Künstler versucht neue Wege zu finden und zu gehen, die noch niemand vor ihm gegangen ist. Er will in seinem Bereich die Grenzen künstlerischen Wirkens hinausschieben.

Tim:

Ja, da stimme ich Ihnen zu.

Dr. Fausten:

Ähnliches gilt für die Wissenschaft, wobei ich keineswegs nur an die Naturwissenschaften denke.

Jede Wissenschaft lebt geradezu davon, dass sie keine Grenzen hat. Sie vermag sich in die Tiefe aber auch in die Breite auszudehnen und sie tut dies auch ständig.

Um den Begriff „geistig" weiter zu verdeutlichen, können wir unser Buchbeispiel erweitern. Übersetzt man das Buch korrekt in eine andere Sprache, werden sich die STRUKTUREN der beiden Bücher voneinander unterscheiden, denn beide Sprachen unterscheiden sich im Vokabular und der Grammatik, ev. sogar in der Schrift. Dennoch müssen die STRUKTUREN der beiden Bücher *Wesentliches* gemeinsam haben. Das *Wesentliche*, welches das eigentliche *Wesen* des Buches ausmacht, denn die enthaltenen Informationen transportieren das gleiche Wissen des Autors. Dieses Wesentliche spiegelt sich zwar in der STRUKTUR wider, steht im Grunde aber hinter der STRUKTUR des Buches. Es ist das geistige *Konzept* des Buches, das dafür sorgt, dass das vom Autor angestrebte sinnvolle Ganze entsteht! Dieses *Konzept* eines Wesens ist natürlich auch etwas rein Geistiges. Es kann aber, wie gerade gezeigt, nicht mit der STRUKTUR des Wesens identisch sein. Es steht gewissermaßen hinter oder über der STRUKTUR. Letztere ist von diesem Etwas abhängig, wird von diesem Etwas bestimmt. Dieses „Etwas" ist die

Ursache der STRUKTUR des Wesens, es ist das Konzept für die STRUKTUR. Dieses geistige „Etwas" bezeichne ich als die „Seele" des Wesens.

Die Seele ist das geistige Konzept jedes Wesens!

Sie ist die Ursache, dass das Wesen so ist, wie es ist.

Tim:

Endlich sind wir zumindest formal bei der „Seele" angelangt. Allerdings ist mir völlig unklar, was das, was Sie als "Seele" bezeichnen, mit der Seele des Menschen, wie wir sie kennen, zu tun haben soll.

Dr. Fausten:

Um ihre Geduld nicht länger zu beanspruchen, habe ich versucht, meine Überlegungen zunächst sehr komprimiert darzulegen. Dadurch bleibt selbstverständlich vieles unklar und wir werden uns nun ausführlicher mit den Problemen befassen müssen. Die Erkenntnis, dass alles Materielle strukturierte Energie und nur strukturierte Energie ist, dass also alles Materielle, neben seiner energetischen Substanz prinzipiell immer eine geistige Komponente besitzt, war für mich neu. Dennoch ist sie eine zwangsläufige Konsequenz aus der Äquivalenz von Masse und Energie, die Einstein schon vor über 100 Jahren erkannt hat.

Tim:

Hat Einstein auch diese, wie Sie sagen, „zwangsläufige Konsequenz" gezogen?

Dr. Fausten:

Meines Wissens nicht. Das darf auch nicht wundern, denn die zu dieser Erkenntnis führende Frage, *was eigentlich Materie sei,* müsste dem positivistisch denkenden Einstein als eine gar nicht sinnvoll zu stellende Frage erschienen sein. Man kann ja die Energie eines materiellen Wesens und seine STRUKTUR nicht unabhängig voneinander beobachten. Einstein war, wie praktisch alle Physiker, ja wohl überhaupt alle Naturwissenschaftler der letzten 150 Jahre, von dem zum Paradigma gewordenen Neopositivismus Machs geprägt. Das hat zu den großen Erfolgen der Naturwissenschaften wesentlich beigetragen. Werner HEISENBERG (1901 - 1976) hat z. B. gerade durch die kompromisslose Anwendung dieses Prinzips die Quantenmechanik begründet.

Theorie und Beobachtung

Andererseits scheint Einstein, obgleich die Relativitätstheorie ebenfalls auf seinem streng positivistischen Denken beruht, nicht ganz von der Allgemeingültigkeit dieses Paradigmas überzeugt gewesen zu sein. Darauf deutet ein Gespräch hin, das Werner Heisenberg im Frühjahr 1926 mit Einstein führte. Einstein brachte das Gespräch auf die von Heisenberg erhobene Forderung, in eine Theorie nur solche Größen aufzunehmen, die beobachtet werden können. Als Heisenberg diese Forderung noch einmal deutlich formulierte, sagte Einstein: „Aber Sie glauben doch nicht im Ernst, dass man in eine physikalische Theorie nur beobachtbare Größen aufnehmen kann". Heisenberg fragte erstaunt: „Haben Sie nicht selbst gerade diesen Gedanken zur Grundlage Ihrer Relativitätstheorie gemacht? Sie hatten doch betont, dass man nicht von absoluter Zeit reden dürfe, da man diese absolute Zeit nicht beobachten kann". Darauf Einstein: „Vielleicht habe ich diese Art von Philosophie benützt, aber sie ist trotzdem Unsinn". Und dann sagte er: „Erst die Theorie entscheidet darüber, was man beobachten kann". [a]

Im Prinzip habe ich bei meinen Überlegungen gerade dieser Auffassung Einsteins entsprechend gehandelt. Es gibt zwei Fakten, die auf Beobachtung beruhen bzw. durch Beobachtung verifiziert sind:

- Einerseits die experimentell bestätigte Theorie Einsteins, dass die beobachtbare Masse alles

---

[a] Nach (RASCHE, et al., 2011, 8. Aufl.) S. 14f.

Materiellen ein Maß für die Energie sei, die in der Materie enthalten ist.

- Andererseits die beobachtbare Tatsache, dass Wesen mit gleicher Masse, also gleicher Energie, durchaus unterscheidbar, also verschieden sein können.

Im Sinne Einsteins habe ich aufgrund dieser beiden Fakten eine Theorie aufgestellt. Sie besagt, dass alles Materielle zumindest aus zwei Komponenten bestehen muss, damit beide Beobachtungen erklärt werden können: Neben der durch die Masse gekennzeichneten Energie muss es eine nicht energetische Komponente geben, die ich STRUKTUR genannt habe.

Nun kann man versuchen, naturwissenschaftliche Beobachtungen auf der Grundlage dieser Theorie zu interpretieren. Wenn dabei unüberwindliche Widersprüche in sich entstehen, ist die Theorie falsch oder zumindest zu modifizieren. Andererseits könnten bei der Neuinterpretation von Beobachtungen mithilfe der Theorie auch neue Erkenntnisse gewonnen werden.

Tim:

Ist nicht zu befürchten, dass die „scientific community" der Naturwissenschaftler Ihre Überlegungen zum Wesen der Materie als unwissenschaftlich, da dem Paradigma des Positivismus nicht entsprechend, ablehnen wird?

Prinzipien der Naturwissenschaft

Dr. Fausten:

Da haben Sie sicher recht! Allerdings bin ich der Überzeugung, dass dies zu Unrecht geschehen wird, denn meine Überlegungen basieren durchaus auf den Prinzipien des naturwissenschaftlichen Arbeitens.

Naturwissenschaftliches Arbeiten beruht ja auf drei Grundsätzen:

1. Nur für wahr halten, was auf Beobachtung beruht. Dieser Grundsatz definiert den naturwissenschaftlichen Wahrheitsbegriff.

2. Theoretische Modelle erstellen, welche die verschiedenen, quantifizierten Beobachtungen mithilfe der Mathematik in einen logischen, widerspruchsfreien Zusammenhang bringen.

Die beobachtbare Natur ist unvorstellbar komplex. Um logische Zusammenhänge zwischen Einzelbeobachtungen zu finden, muss man daher stets stark abstrahieren. Das geschieht in Form der Erstellung von Modellen. Nur im Rahmen solcher Modelle sind Berechnungen überhaupt möglich.

Alle "Naturgesetze" sind derartige Modelle und ihre Aussagen gelten streng nur für die den abstrakten Modellen zugrunde liegenden Annahmen. Das mag etwas enttäuschend klingen, ist aber die Grundlage der außerordentlich großen praktischen Erfolge, die man damit erreichen konnte.

Betrachten wir als Beispiel eines solchen Modells das Fallgesetz. Sie haben gelernt, dass alle Körper aufgrund der Erdbeschleunigung im luftleeren Raum gleich schnell fallen. Allerdings gibt es kein absolutes Vakuum, also keinen „luftleeren" Raum. Auch ist die Erdbeschleunigung vom Ort des Versuches sowohl geografisch als auch von der Höhe, sogar von der unmittelbaren Umgebung abhängig. Dennoch ist das Gesetz praktisch anwendbar, da die Abweichungen zumeist im Rahmen der Messgenauigkeit liegen.

3. Messen, was messbar ist und messbar machen, was nicht messbar ist.

Diese Galilei zugeschriebene Forderung ist Voraussetzung für die Realisierung der im zweiten Grundsatz geforderten Quantifizierung der Beobachtungen. Diese drei Grundsätze müssen stets gemeinsam gesehen und angewendet werden. Darauf hat Einstein in dem Gespräch mit Heisenberg, von dem ich vorhin erzählte, hingewiesen. Seine Aussage „*erst die Theorie entscheidet darüber, was man beobachten kann"* heißt ja, dass erst die Theorie es erlaubt, aus dem sinnlichen Eindruck, aus der Beobachtung, auf den diesem zugrunde liegenden Vorgang in der Natur zu schließen. Die Modelle - die Theorien - und die Beobachtungen sind wechselseitig abhängig. Sie ergeben erst gemeinsam eine naturwissenschaftliche Erkenntnis, die im naturwissenschaftlichen Sinne als wahr angesehen werden kann.

Hier wird die allerdings versteckte Schwäche in Machs Philosophie sichtbar. Ernst Mach vertrat entschieden die Auffassung, dass Erkenntnis *ausschließlich* auf dem durch die menschlichen Sinne Erfassbaren, also auf der Beobachtung der Phänomene beruht und *darauf beschränkt* ist. Diese radikale Einschränkung *ausschließlich* auf das beobachtbare Phänomen schließt nämlich die Möglichkeit aus theoretisch zu klären, *was* die beobachteten Phänomene bedeuten können und *wie* sie zu interpretieren sind. Darauf hat Einstein im erwähnten Gespräch hingewiesen.

Sie werden mir hoffentlich zustimmen, dass meine Überlegungen voll den Prinzipien naturwissenschaftlichen Arbeitens entsprechen: Erstens gehe ich von zwei Beobachtungen aus, die noch dazu allgemein überprüfbar sind. [a] Zweitens erstelle ich ein Modell, das beide Beobachtungen in einen logischen, widerspruchsfreien Zusammenhang bringt. Im Sinne Einsteins ist es eine Theorie, die klärt, *was* die Beobachtungen bedeuten.

Tim:

Ja, das scheint mir zu stimmen. Sie haben die Erstellung von Modellen als einen der drei Grundpfeiler naturwissenschaftlicher Arbeit genannt. Mir ist nicht klar, wie das mit dem Neopositivismus Machs zusammenpasst.

Dr. Fausten:

Mach hat selbstverständlich auch mathematische Modelle für seine naturwissenschaftlichen Erkenntnisse gebraucht. Sie sollten sich aber darauf beschränken, die Messwerte der beobachteten Phänomene in einem mathematisch-logischen System zu ordnen.

Die Frage, *warum* die Phänomene so sind, wie sie beobachtet werden, was also hinter den Phänomenen stehe, müsse ausgeklammert werden, da sie nicht „sachhaltig" sei. Darauf habe ich schon hingewiesen.

---

[a] Die Äquivalenz von Masse und Energie ist allgemein überprüfbar, da die Funktion jedes Kernkraftwerks darauf beruht.

Heisenberg hat sich noch sehr eng an die Auffassungen Machs gehalten und damit vollen Erfolg erzielt. In der von Heisenberg mitbegründeten Quantenphysik ist es auch heute „verboten", sich irgendwelche „Vorstellungen" zu machen. Die Phänomene, z. B. gemessene Wellenlängen, sind einfach so, wie sie sind. Punkt. Die außerordentlich großen Erfolge, die mit der Quantenphysik erzielt wurden und werden, rechtfertigen dieses Prinzip.

Dennoch wird der Neopositivismus heute keineswegs immer so radikal wie von Ernst Mach vertreten. Das erwähnte Gespräch Einsteins mit Heisenberg deutet darauf hin, dass auch Einstein im Laufe der Zeit seine Haltung geändert hat.

Ernst Mach hat noch die Existenz von Atomen strikt abgelehnt, da diese nicht beobachtbar seien. [a] Heute gibt es wohl kaum einen Physiker, der sich dieser Meinung Machs anschließen würde. Das Atommodell wurde im Laufe der Zeit zur logischen Interpretation der experimentellen Resultate, z. B. von Streuversuchen, schrittweise entwickelt. Niels BOHR (1885 - 1962), einer der Väter der Quantenphysik, hat sein Atommodell noch mit der menschlichen Anschauung verbunden. Später war man gezwungen, diese Vorstellung stark einzuschränken.

---

[a] (JORDAN, 1972) S. 15.

Der Verzicht auf jede Vorstellung, im Sinne des radikalen Neopositivismus, fällt dem menschlichen Denken schwer. Jeder Mensch lebt in einer Vorstellungswelt, die sich aus der Erfahrung mit unserer Umwelt ergab. Was mit dieser nicht zusammenpasst, ist schwer verständlich und eventuell sogar angst verursachend.

Tim:

Sie sagen es! Schon das Wort „Quantenphysik" löst bei mir Unbehagen und leichte Angst aus. Könnten wir wieder zu Ihren eigenen Überlegungen zurückkommen? Mit der STRUKTUR habe ich noch immer Schwierigkeiten.

STRUKTUR der Atome

Dr. Fausten:

Sehr schön lässt sich der Begriff der STRUKTUR im Aufbau alles Materiellen erkennen.

Alles Materielle ist aus den Elementarteilchen [a] aufgebaut. Das lässt sich an einem vereinfachten Atommodell, das ungefähr dem von Niels Bohr 1913 entworfenen Modell entspricht, darstellen. Es

---

[a] Als Elementarteilchen werden jene Teilchen verstanden, aus denen die Atome aufgebaut sind: das positiv geladene Proton, das negativ geladene Elektron und das elektrisch neutrale Neutron.

ist anschaulich und für unsere Zwecke ausreichend. Danach ist fast die gesamte Masse des Atoms, also seine Energie, in einem Atomkern konzentriert. Dieser besteht aus positiv geladenen Protonen und elektrisch neutralen Neutronen. Um diesen Kern herum bewegen sich auf kreisförmigen oder elliptischen Bahnen genau so viel elektrisch negativ geladene Elektronen, wie im Kern Protonen sind.

Der Durchmesser des Atomkerns beträgt etwa 10^{-14} m, das ist 0,00000000000001 m. Die Masse eines Elektrons ist ungefähr nur 1/2000 der Masse eines Protons. Der Durchmesser der Elektronen ist nicht genau bekannt, vermutlich hat er die gleiche Größenordnung wie die Protonen.[a] Die Elektronenbahnen haben vom Kern einen Abstand von ungefähr 10^{-10} m.

Tim:

Unvorstellbar!

Dr. Fausten:

Atome und insbesondere auch der Atomkern sind tatsächlich sehr, sehr klein.

---

[a] Der Durchmesser des Protons ist etwa 10^{-15} m; es gibt auch Vermutungen, dass der Elektronendurchmesser nahezu null sei. Siehe auch (ALONSO M., 2000), S. 504, S. 439.

Ein Vergleich mag das anschaulich machen: Nimmt man dazu an, der Atomkern habe einen Durchmesser von 1 cm, dann bewegen sich die Elektronen in einem Abstand von etwa 100 m vom Kern. Im gleichen Maßstab hätte ein Tennisball einen Durchmesser von etwa 70 Millionen Kilometer; das entspricht dem halben mittleren Abstand der Erde von der Sonne. [a]

Die negativ geladenen Elektronen werden von den positiv geladenen Protonen im Kern angezogen. Diese Anziehungskräfte stehen im Gleichgewicht mit den Fliehkräften, die auf die Elektronen infolge ihrer Bewegung um den Kern wirken.

Aus den *Wesen* Proton, Neutron und Elektron wird durch das Zusammenwirken von elektrischer und mechanischer Energie, also durch *strukturierte* Energie, das neue *Wesen* „Atom".

Die verschiedenen Eigenschaften der chemischen Elemente, die das Erscheinungsbild des Kosmos prägen, verdanken die Elemente nur der unterschiedlichen Zahl der Protonen, aus denen ihr Atomkern

---

[a] Dieser wird als Astronomische Einheit (AE) bezeichnet und beträgt 149,59787 Millionen Kilometer (MEDIA), S. 598.

besteht.[a] Denn jedem Proton im Kern hält ein Elektron in der Elektronenhülle (beim nicht ionisierten Atom) das Gleichgewicht. Diese Elektronenhülle ist für die chemischen und großteils auch physikalischen Eigenschaften des Atoms maßgebend.

Die unterschiedliche Zahl der Protonen im Kern [b] der verschiedenen Elemente erfordert nicht nur unterschiedliche *STRUKTUREN* des Kerns, z. B. eine unterschiedliche Zahl von Neutronen im Kern, sondern bedeutet insbesondere unterschiedliche *STRUKTUREN* der Elektronenhülle.

Mit steigender Zahl der Protonen im Atomkern benötigen die zugehörigen Elektronen auch mehr Platz. Sie bilden dazu „Elektronenschalen", wobei jede Schale eine maximale Zahl an Elektronen aufnehmen kann: Die innerste Schale hat für maximal 2 Elektronen Platz, die nächsten beiden Schalen für je 8 Elektronen. Da die

---

[a] Die 92 natürlichen Elemente, vom Wasserstoff bis zum Uran, unterscheiden sich nur durch die Zahl der Protonen im Kern des Atoms voneinander.

[b] Diese als wird Kernladungszahl bezeichnet. So enthält z. B. der Kern des Wasserstoffatoms 1 Proton, der des Heliums 2, des Kohlenstoffs 6, des Stickstoffs 7, des Sauerstoffs 8, des Phosphors 15 und des Urans 92 Protonen.

Elektronen möglichst nahe beim Kern sein möchten, werden äußere Schalen nur dann verwendet, wenn die inneren Schalen bereits voll sind. Diese Verhältnisse sind für die physikalischen und insbesondere chemischen Eigenschaften der Atome von großer Bedeutung. Nur die Elektronen in der äußersten Schale eines chemischen Elements wirken nach außen; nur diese Elektronen, die sogenannten Valenzelektronen, sind für die Bildung von Molekülen maßgebend!

Tim:

Für meine Begriffe ist das ziemlich viel Physik! Dennoch möchte ich Sie etwas fragen: Was sind diese „Elementarteilchen", aus denen die Atome bestehen?

Demokrit - einst und jetzt

Dr. Fausten:

Es ist eine Erkenntnis der letzten ca. 150 Jahre, dass die Atome nicht die kleinste materielle Einheit darstellen, sondern selbst aus Elementarteilchen bestehen. Aber ich sollte vielleicht etwas ausholen.

Man versucht seit mehr als 2000 Jahren, das Wesen der Materie zu erkennen. Im 5. Jahrhundert vor Christus begründeten DEMOKRIT (460 v. Chr. -

371 v. Chr.) und sein Lehrer LEUKIPPOS den Atomismus. Demokrits Grundthese lautete: „Nur scheinbar hat ein Ding eine Farbe, nur scheinbar ist es süß oder bitter; in Wirklichkeit gibt es nur Atome und leeren Raum." Er stellte sich die Atome als feste Körper vor, die regelmäßige Formen besäßen, also kugelförmig, würfelförmig etc. seien. Durch ihre unterschiedliche Form würden sie die verschiedenen Stoffe bilden. Auch alles Geistige bestünde in Wahrheit aus feinen, kugelförmigen Atomen. Demokrit war somit der Vertreter eines konsequenten, atomistischen Materialismus. [a]

Die Lehre Demokrits hat sich in gewisser Weise bis heute in der Naturwissenschaft erhalten. [b] Selbstverständlich haben wir heute andere Vorstellungen von den Elementarteilchen als Demokrit von den Atomen. Sie unterscheiden sich voneinander nicht mehr durch ihre geometrische Form, sondern durch Symmetrien, Quantenzahlen usw. Aber die grundsätzliche Auffassung Demokrits, dass die Materie aus kleinen, unteilbaren Teilchen einer undurchdringlichen Substanz (mit zumeist kugel-

---

[a] (WIKIPEDIA, 2010)

[b] Der Atomismus verdankt seine Renaissance im 19. Jahrhundert vor allem John DALTON (1766 – 1844) und Ludwig BOLTZMANN (1844 - 1906).

förmige Geometrie) besteht, [a] ist auch heute Stand der Wissenschaft. Die räumliche Aufenthaltswahrscheinlichkeit solcher „fester" Teilchen, etwa der Elektronen im Atom, zu bestimmen, ist eine wesentliche Aufgabe der Quantenphysik. [b] Im Grunde beherrscht auch nach rund 2500 Jahren die Philosophie Demokrits immer noch das physikalische Denken. Demokrit vertrat auch die Auffassung, dass alles durch *Zufall und Notwendigkeit* begründet sei, eine der philosophischen Grundthesen des konsequenten Materialismus. [c] Auch diese Philosophie wurde bis heute von fast allen Naturwissenschaftlern unverändert übernommen. Der Einfluss Demokrits reicht, so habe ich den Eindruck, tatsächlich bis tief in die moderne Naturwissenschaft.

So schreibt etwa Pascual JORDAN (1902 - 1980), einer der großen Quantenphysiker der ersten Stunde,

---

[a] Die Quantenphysik erfordert allerdings zu akzeptieren, dass sie sich u. U. auch als Wellen manifestieren können (Teilchen/Welle-Dualismus).

[b] Seit Einstein gezeigt hat, dass die Masse alles Materiellen ein Maß für die in der Materie enthaltenen Energie ist, und diese Energie außerordentlich groß ist im Verhältnis zu den Energiebeträgen, mit denen wir es sonst zu tun haben, bezeichnen viele Physiker diese „feste undurchdringliche" Substanz, aus der alle Teilchen bestehen, als „condensed energy". Damit versucht man verbal die Erkenntnis Einsteins der Philosophie Demokrits unterzuordnen.

[c] (WIKIPEDIA, 2010)

in seinem Buch *Erkenntnis und Besinnung*: "Die kühne Lehre, welche der griechische Philosoph Demokrit vor zwei bis drei Jahrtausenden in überwältigender Klarheit erfasst hatte - die Lehre von den Atomen, den winzigen Bausteinen aller Materie - hat damit eine triumphale Bestätigung erfahren." [a]

Tim:

Haben Sie dafür eine Erklärung?

Dr. Fausten:

Der Grundgedanke Demokrits, dass man durch stetes Teilen eines Körpers irgendwann auf etwas Neues, Letztes stoßen müsse, entspricht sehr tief dem menschlichen Denken.

Da fällt mir eine kleine Anekdote ein, die dieses Denken ein wenig charakterisieren kann:

Ein Lehrer fragt den kleinen Franzi: „Wenn du ein Stück Brot teilst, wie viele Brotstücke hast du dann?" Franzi: "Zwei, Herr Lehrer". Lehrer: „Sehr gut. Und wie viele, wenn du diese wieder teilst?" „Vier, Herr Lehrer". Dieses Frage-Antwortspiel geht so weiter, der Franzi antwortet richtig mit: 8, 16, 32, 64, 128. Doch dann hat der kleine Franzi plötzlich eine Erkenntnis. Auf die nächste Aufforderung, die

---

[a] (JORDAN, 1972) S.36.

58

Brotstücke nochmals zu teilen, antwortet der Franzi, nicht mit 256, sondern mit: „Bröseln, Herr Lehrer!"

Tim:

Sie meinen, Franzi hat Demokrits Gedankengang nachvollzogen?

Dr. Fausten:

Er hat, so meine ich, den gleichen philosophischen Grundgedanken gehabt: Wenn man ein Ding sehr oft teilt, entsteht irgendwann etwas Neues, das man nicht mehr teilen kann. Für den Franzi lag diese Grenze bei den Bröseln, die er nicht mehr weiter teilen konnte. Demokrit hat den gleichen Gedanken philosophisch ausgearbeitet und daraus eine Theorie alles Seienden gemacht.

Tim:

Ich habe den Eindruck, dass Sie eine abweichende Auffassung haben. Worin liegt der prinzipielle Unterschied zwischen Ihren Überlegungen und den üblichen Vorstellungen der heutigen Physiker?

Dr. Fausten:

Vielleicht sollte ich vorausschicken, dass z. B. die Atomtheorie um 1900 bei den Physikern noch keineswegs unumstritten war. Ich habe schon erwähnt, dass Ernst Mach sie vehement ablehnte, da man Atome nicht direkt beobachten konnte.[a]

Der naturwissenschaftliche Positivismus hat eben, wie wohl jedes Paradigma, seine Grenzen und kann auch zu Fehlvorstellungen führen.

Der Grundgedanke, dass man etwas nicht beliebig oft teilen kann, sondern irgendwann auf etwas Neues treffen muss, ist sicher richtig. Problematisch ist die von Demokrit vertretene Auffassung, dass dieses Neue eine nicht weiter teilbare *feste, massive* Grundsubstanz oder Urmaterie sei, eine Auffassung, die offenbar bis in die heutige Zeit nachwirkt. [b]

Elementarteilchen - gequantelte Energie

Im Gegensatz zu Demokrit bin ich der Auffassung, dass es keine solche *feste, massive* Ursubstanz gibt.

---

[a] Heute kann man Atome in Elektronenmikroskopen nicht nur „sehen", sondern sogar ihre Wechselwirkungen mit anderen beobachten. (ZHANG, 2013).

[b] Es gibt allerdings auch sich davon entfernende physikalische Denkrichtungen (z. B. Stringtheorie).

Die konkreten, beobachtbaren Elementarteilchen sind vielmehr meiner Überzeugung nach gequantelte Energie,[a] wobei Letztere aber als Kontinuum zu betrachten ist.[b] Hier unterscheide ich mich grundsätzlich von Demokrit und seinen heutigen Anhängern.

Wesentlich für meine Vorstellungen ist, dass Energie nur strukturiert beobachtet werden kann. Energie ohne STRUKTUR, unstrukturierte Energie, also *reine Energie* ohne geistige Komponente, gibt es vielleicht gar nicht. Wir könnten diese Energie zumindest nicht beobachten,[c] denn beobachtbar sind nur Wechselwirkungen von Teilchen. Solche besitzen stets Impuls und/oder Drehimpuls. Der Impuls bzw. Drehimpuls ist die energetische und damit naturwissenschaftlich messbare, Konsequenz der

---

[a] Diese Bezeichnung bedeutet, dass Teilchen nur dann entstehen bzw. bestehen können, wenn ihre Masse, die ja das Maß der in ihnen enthaltenen Energie ist, ganz bestimmte Werte aufweist, ihre Energie also „gequantelt" ist. Die für die Teilchenexistenz zulässigen Werte sind an quantenphysikalische Bedingungen gebunden. Teilchen können also nicht jede beliebige Energie aufweisen.

[b] Energie an sich kann jede beliebige Größe aufweisen, ihr Betrag kann also „kontinuierlich" verändert werden. Daher können insbesondere innerhalb von Teilchen kontinuierliche Energieumsetzungen, also Veränderungen der Struktur, stattfinden.

[c] „Dunkle Energie"?

Orientierung der Energie: Translationsenergie bzw. Rotationsenergie. Die *Orientierung* selbst ist rein geistig; sie ist eine Form der STRUKTUR.

Impuls und Drehimpuls

Tim:

Mit dem Impuls hatte ich schon in der Schule Schwierigkeiten. Könnten Sie mein Wissen etwas auffrischen?

Dr. Fausten:

Der Impuls, oft auch Bewegungsgröße genannt, ist das Attribut der Energie einer geradlinigen Bewegung. Ein Drehimpuls ist das Attribut der Energie einer Drehbewegung.

Gehört die Energie zu einer translatorischen Bewegung ($E = m*v^2/2$; dieser Zusammenhang ist in dieser Form nur für Geschwindigkeiten v gültig, die wesentlich kleiner als die Lichtgeschwindigkeit im Vakuum sind), ist der Impuls $p = m*v$ [N*s] für diese Energie kennzeichnend. Er charakterisiert die Art der Energie, ist die Folge ihrer STRUKTUR, also der Orientierung der Energie.

Gehört die Energie zu einer Drehbewegung ($E = J*\omega^2/2$; J ist in dieser Gleichung das Massenträgheitsmoment, ω die Winkelgeschwindigkeit) ist der Drehimpuls dieses Systems $L = J*\omega$ [N*m*s] für diese Energie kennzeichnend. Er charakterisiert die Art der Energie, ist die Folge ihrer STRUKTUR, also der Orientierung der Energie.

<u>Tim:</u>

Bedeuten Ihre Vorstellungen nicht, dass die Arbeitsweise der Naturwissenschaften eine totale Neuausrichtung erfordert?

<u>Dr. Fausten:</u>

Aber nein! Unsere bisherige Arbeitsweise hat sich ja überaus gut bewährt und es wäre absolut unsinnig, diese generell zu ändern. Meine Überlegungen bedeuten keineswegs eine Kritik an ihr. Vielleicht könnten sie aber eine zusätzliche Perspektive bei der Interpretation von naturwissenschaftlichen Beobachtungen eröffnen und damit zu einer Erweiterung von Modellvorstellungen beitragen. [a]

STRUKTUR - das Arbeitsfeld der Naturwissenschaft

Im Grunde befassen sich alle Naturwissenschaftler ständig mit Geistigem, ja eigentlich ausschließlich mit Geistigem! Sie befassen sich mit der geistigen

---

[a] Siehe auch Endnote S. 294 ff.

Seite des Materiellen! Alles, womit wir uns naturwissenschaftlich befassen, alle Zusammenhänge zwischen beobachteten Eigenschaften von Objekten, den Bedingungen, unter denen sie auftreten, die ganzen Informationen, die wir aus der Beobachtung der Natur gewinnen, haben etwas Gemeinsames: Sie sind nicht massebehaftet, also nicht energetisch. Sie sind geistiger Natur.

Als mir das bewusst wurde, habe ich für dieses Gemeinsame eine Bezeichnung gesucht und so ist eben der Begriff der STRUKTUR entstanden. Alle Naturwissenschaftler beschäftigen sich fast ausschließlich mit Fragen der STRUKTUR, allerdings ohne sich der tieferen Wesenheit dessen bewusst zu sein, womit sie sich befassen!

Die Frage nach der tieferen Wesenheit dessen, womit sie sich befassen, nach dem, was ich nun STRUKTUR genannt habe, ist dem neopositivistisch denkenden Wissenschaftler fremd. Sie stellt sich nach Ernst Mach ja nicht, denn sie wäre „nicht sachhaltig". Allerdings wird damit auch darauf verzichtet, eventuell zusätzliche Möglichkeiten zur Erweiterung der naturwissenschaftlichen Erkenntnisse zu bekommen.

Tim:

Es könnte, so meine ich, nur vorteilhaft sein, sich dieses Umstandes allgemein bewusst zu werden und ihn auch konsequent zu berücksichtigen!

Mit meinen Fragen habe ich Sie in Ihren ursprünglichen Darlegungen unterbrochen. Könnten Sie bitte mit diesen fortfahren?

Moleküle

Dr. Fausten:

Wir haben uns ein wenig die STRUKTUR der Atome angesehen. Die Vielfalt der uns umgebenden Natur beruht auf dem Umstand, dass Atome das Bestreben haben, sich miteinander zu verbinden und damit neue Wesen, die verschiedenen Moleküle, zu bilden. Diese besitzen eine neue STRUKTUR.

Eine exakte (quantenphysikalische) Beschreibung der Verhältnisse bei der Bildung von Molekülen ist recht aufwendig und für unsere Überlegungen nicht notwendig. Eine anschaulichere Darstellung der Verhältnisse besagt, dass jedes Atom bestrebt ist, seine äußerste Elektronenschale voll besetzt zu bekommen. Ein solche entspricht der Elektronenkonfiguration von Edelgasen. [a]

---

[a] Helium, Neon, Argon, Krypton, Xenon, Radon.

65

Edelgase sind, da ihre Elektronenschalen voll besetzt sind, mit ihrem Zustand „zufrieden" und haben kein Bestreben, diesen zu ändern, also chemische Reaktionen einzugehen. Daher die Bezeichnung „Edelgase".

Um einen ähnlichen Zustand zu erreichen, gibt ein Atom, das in seiner äußersten Schale wenige Valenzelektronen hat - das sind insbesondere die Metallatome - diese nach Möglichkeit an ein anderes Atom ab. Es hat dadurch weniger (negative) Elektronen als (positive) Protonen und ist nach außen elektrisch positiv. Es wird zum positiven Ion. Seine ursprüngliche äußerste Elektronenschale hat es, da diese keine Elektronen mehr hätte, verloren. Damit wird die nächste innere Schale, die ja schon voll besetzt war, nun zu seiner äußersten Schale. Das Ion hat eine *Edelgaskonfiguration* seiner Elektronen erreicht und ist mit seinem Zustand „zufrieden".

Hat ein Atom viele Valenzelektronen, wie z. B. Sauerstoff, versucht es Elektronen von solchen Atomen zu bekommen, die Valenzelektronen abgeben möchten. Mit diesen Elektronen kann es seine äußerste

Elektronenschale auf den Maximalwert auffüllen und damit auch eine *Edelgaskonfiguration* bekommen. Gleichzeitig wird es, da es nun mehr Elektronen als Protonen hat, ein nach außen elektrisch negatives Ion. Die so entstandenen positiven und negativen beiden Ionen ziehen einander aufgrund der elektrostatischen Kräfte an. Sie bilden ein Molekül, also eine neue Einheit, ein neues *Wesen*.

Das neue Wesen, das Molekül, besitzt eine komplexere STRUKTUR als die Summe der STRUKTUREN der Einzelatome, aus denen es gebildet ist. Durch die Bildung des Moleküls aus Atomen wird die Komplexität erhöht. Chemische Reaktionen, bei denen aus Einzelatomen Moleküle aufgebaut werden, sind „exotherm", d. h., es wird dabei Energie nach außen abgegeben. Der Energieinhalt des Moleküls ist also kleiner als die Summe der zuvor in den Einzelatomen vorhandenen Energie. Bezogen auf die Energie ist die Komplexität des neuen Wesens, man könnte das als seine *spezifische Komplexität* bezeichnen, wesentlich größer als die Summe der *spezifischen Komplexitäten* der Einzelatome.

Komplexität

<u>Tim:</u>

Was verstehen Sie unter „Komplexität"?

<u>Dr. Fausten:</u>

Die *Komplexität* eines Wesens ist die *quantifizierte STRUKTUR* desselben. Der Definition der STRUKTUR entsprechend ist daher die *Komplexität* eines Wesens die *quantifizierte Gesamtheit aller geordneten, das Wesen kennzeichnenden system-immanenten, logisch verknüpften Bedingungen und integrierten Informationen.* Das klingt etwas kompliziert und ist es in gewissem Sinn auch.

Wir sollten uns erinnern, dass alles Materielle aus zwei Komponenten - Energie und STRUKTUR - besteht. Die *energetische* Komponente können wir quantifizieren, ihr also eine Maßzahl zuordnen: Die *Energie* eines Wesens ist proportional seiner Masse, ausgedrückt in Kilogramm ($E = m*c^2$).

Mit der *Komplexität* möchte ich analog der *geistigen* Komponente der Materie eine Maßzahl zuordnen. Die *Komplexität* soll der Wert der quantifizierten STRUKTUR eines Wesens sein.

Leider gibt es bisher kein geeignetes Messverfahren für die geistige Komponente. [a] Obgleich eine absolute Quantifizierung derzeit nicht möglich ist, erlaubt dieser Begriff doch halbquantitative Betrachtungen. Durch Vergleich der Strukturen verschiedener Wesen untereinander ist es oft möglich, durch logischen Schluss zu erkennen, welches von zwei Wesen *komplexer* ist, welches Wesen eine höhere *Komplexität* besitzt. Daraus können sich nützliche Erkenntnisse ergeben.

Mit der „spezifischen Komplexität" soll die Größe der STRUKTUR eines Wesens auf dessen Masse bezogen werden. Die Gesamtkomplexität wird durch die Masse geteilt. Die mit dem Aufbau der Einzelatome verbundene Komplexität, die je Masseneinheit immer etwa gleich groß sein dürfte, fällt dadurch heraus. In vielen Fällen wird damit die Relation zwischen energetischer und struktureller Komponente eines Wesens deutlicher.

---

[a] Einen Teil der Komplexität könnte man mit einer „negativen Entropie" des Wesens in Beziehung bringen, denn eine Verringerung der Komplexität ist mit einer Erhöhung der Entropie verbunden. Die STRUKTUR umfasst darüber hinaus aber auch Geistiges, das vermutlich schwer quantitativ erfassbar und kaum oder gar nicht mit der Entropie in Beziehung zu bringen ist.

Tim:

Ganz klar ist mir das alles noch immer nicht. Könnten Sie vielleicht versuchen, es an einem Beispiel zu erklären?

Dr. Fausten:

Kommen wir auf unser Buch zurück. Ein erster Ansatz zur Quantifizierung seiner STRUKTUR wäre die Zahl der Buchstaben des Buches. Mit der Zahl der Buchstaben eines Buches dürfte in der Regel die Zahl der logisch verknüpften Bedingungen, und damit auch die Komplexität des Buches, steigen.

Zweifellos ist das aber zu kurz gegriffen, um die geistige Komponente des Buches insgesamt zu quantifizieren. Auch die Zahl der Wörter oder die Zahl der Seiten ist kein adäquates Maß. Die größte Schwierigkeit bei der Quantifizierung der STRUKTUR liegt in der quantitativen Erfassung der integrierten Information, also des vom Buch zu transportierenden Gedankengutes des Autors. Diese Information bestimmt vermutlich überwiegend die Komplexität eines Buches. Die Bestimmung des Anteils der Komplexität, der durch Informationen bedingt ist, stellt generell das Hauptproblem bei der Schaffung geeigneter Messverfahren dar.

Dieses Problem tritt z. B. auch bei der Beurteilung der wissenschaftlichen Qualifikation der Bewerber um Professuren an Universitäten auf. Es bieten sich als Kennzeichen zunächst die Fachpublikationen der Bewerber an. Zahl und Umfang derselben lassen sich, analog zu unserem obigen Buchbeispiel, leicht in Zahlen ausdrücken. Diese sind aber kein wirklich geeignetes Maß, weil sie die eigentliche Qualität der Arbeiten, die Qualität der in den Arbeiten enthaltenen Informationen, nicht berücksichtigen. Um Letztere zu quantifizieren wird daher zusätzlich die Zahl der Zitierungen von Arbeiten eines Bewerbers in Publikationen anderer Autoren herangezogen. Abgesehen davon, dass eine Arbeit durchaus deshalb oft zitiert werden kann, weil sie schlecht ist und von anderen Autoren widerlegt wird, ist es auch durchaus Erfolg versprechend, wenn sich freundschaftlich verbundene Kollegen wechselseitig möglichst oft zitieren …

Diese Probleme sind natürlich bekannt. Daher werden von den Berufungskommissionen meist Punktesysteme verwendet, die nicht nur die genannte quantitative Auswertung der Publikationen, sondern auch weitere Kriterien berücksichtigen. Eine wirklich „objektive" Quantifizierung, eine echte Maßzahl für die wissenschaftliche Qualifikation der Bewerber, lässt sich damit dennoch nicht erreichen. Es dient daher meist primär dazu, die Zahl der zu einem „Hearing" Einzuladenden zu begrenzen. Der Eindruck, den Vortrag und Diskussion bei der Kommission hinterlassen, ist schließlich die wesentlichste Grundlage für die letzte Entscheidung.

Tim:

Können Sie mir vielleicht ein anderes Beispiel zur Bestimmung der Komplexität nennen, das möglichst jeden von uns betrifft und nicht so spezifisch ist, wie ein Berufungsverfahren für Universitätsprofessoren?

Dr. Fausten:

Ganz besonders deutlich zeigt sich das Problem der Quantifizierung der geistigen Komponente eines Wesens, wenn wir versuchen, die Komplexität des menschlichen Gehirns und damit eines wesentlichen Teils jedes Menschen zahlenmäßig zu erfassen. Während die Größe der energetischen Komponente bekannt ist - die durchschnittliche Masse des Gehirns beträgt etwa 1,5 kg - ist die Quantifizierung der STRUKTUR, also die Bestimmung der

Komplexität, mit vermutlich unüberwindlichen Schwierigkeiten verbunden.

Beiträge zur Quantifizierung der geistigen Komponente können einige bekannte Werte über den physischen Aufbau des Gehirns liefern. [a] Man weiß, dass das Gehirn aus rund 100 Milliarden[b] Nervenzellen besteht, wobei jede dieser Zellen im Schnitt 10.000 Synapsen besitzt und so mit etwa 10.000 anderen Zellen verbunden ist; die Länge der dazu notwendigen Nervenbahnen beträgt etwa 6 Millionen Kilometer.[c] Die Nervenzellen des Gehirns bilden also ein Netzwerk mit etwa einer Billiarde Knoten! Das ist schon eine wesentliche Kennzahl für die Komplexität des Gehirns. Aber sie reicht nicht aus, um alle, für das konkrete Gehirn maßgebenden *Bedingungen und integrierten Informationen* quantitativ auszudrücken. Die Zahl der Netzwerkknoten ist mit gewissen Schwankungen für alle menschlichen Gehirne gleich, sie sagt aber wenig über die geistige Komponente des Gehirns einer

---

[a] (AMTHOR, 2013) S. 277 und „Schummelseite".

[b] Das entspricht etwa der Zahl der Galaxien im gesamten Kosmos oder auch der durchschnittlichen Zahl der Sterne in jeder Galaxie. (MEDIA) S. 158.

[c] Das entspricht dem 150-fachen Erdumfang oder etwa der 15-fachen Entfernung Erde/Mond (= 384.405 km). (MEDIA) S.100.

konkreten Person aus. Sie war für Albert Einstein oder Leonardo da Vinci etwa ebenso groß, wie sie für jeden anderen Menschen ist. Die STRUKTUR des Gehirns beinhaltet eben auch alle Informationen, die der Betreffende empfangen und gespeichert - sich gemerkt - hat. [a] Das Netzwerk ist eine *Voraussetzung* für die geordnete Speicherung aller Informationen und der damit verbundenen Fähigkeiten des Gehirns, es *bestimmt* aber diese Fähigkeiten z. B. die Kreativität, nicht. Offensichtlich haben weitere Faktoren, wie das Training des Gehirns, also insbesondere die Lernprozesse, aber auch Schwerpunktsetzungen usw., große Bedeutung dafür, wie dieses Netzwerk genützt wird, welche Eindrücke, Gedanken, Gefühle, etc. für dieses Wesen - das Gehirn eines konkreten Menschen - charakteristisch, also auch systemimmanent, sind.

Tim:

Jetzt ist mir der Begriff der Komplexität etwas verständlicher. Aber ich habe Sie mit meiner Frage unterbrochen. Sie versuchten, mir etwas mehr über die STRUKTUR selbst zu sagen.

---

[a] Die erhaltenen Informationen verändern durch die Speicherung die STRUKTUR, sie werden ein Teil derselben.

Dr. Fausten:

Wir hatten über die Bildung von Molekülen aus Atomen und die damit sich vergrößernde Komplexität gesprochen.

Die Zahl der bekannten Moleküle, also der chemischen Substanzen, ist sehr groß. Es gibt etwa drei Millionen anorganischer Verbindungen (Moleküle) und fast 100 Millionen bekannte organische Verbindungen. [a] Diese Zahl enthält noch nicht die Varianten der DNA, der Desoxyribonukleinsäure, die ja selbst eine viel größere Zahl darstellen. Alle diese Stoffe sind aus den 92 chemischen Elementen aufgebaut, wobei die meisten Verbindungen nur einen kleinen Teil dieser Elemente enthalten.

Hierarchie der STRUKTUR

Das eindrucksvollste Beispiel für die Bedeutung der STRUKTUR in der ganzen Natur ist die DNA. Die STRUKTUR der DNA ist von entscheidender Bedeutung für die Biosphäre. Die unermesslich große Variation der DNA in allen Lebewesen [b] wird nur durch die unterschiedliche Kombination von sechs

---

[a] (WIKIPEDIA, 2018a)

[b] Jedes Lebewesen besitzt eine ganz spezifische DNA, die in der Regel kein zweites Lebewesen hat.

chemischen Verbindungen [a] erreicht. Diese bilden gemeinsam die berühmte Doppelhelix. Die unterschiedlichen Eigenschaften, etwa einer Bakterie, einer Wiesenblume oder eines Menschen, werden durch die Zahl und unterschiedliche logische Verknüpfung dieser sechs chemischen Verbindungen bestimmt. Zum Aufbau dieser 6 chemischen Verbindungen werden nur 5 chemische Elemente [b] benötigt. Die DNA besteht daher in ihrer ganzen Vielfalt aus nur 5 verschiedenen Atomarten.[c]

Die DNA lässt auch ein Prinzip im Aufbau der STRUKTUREN erkennen: Die erwähnten 6 chemischen Verbindungen sind aus den 5 Atomarten aufgebaut; ihre jeweilige STRUKTUR enthält daher die STRUKTUR der jeweils enthaltenen Atome als Unterstrukturen. Jede DNA enthält in ihrer STRUKTUR die STRUKTUREN der in ihr enthaltenen chemischen Verbindungen als Unterstrukturen und damit indirekt auch die

---

[a] Der Zucker Desoxyribose, ein Phosphorsäurerest und die vier Nukleobasen Adenin (A), Thymin (T), Guanin (G) und Cytosin (C).

[b] Kohlenstoff, Wasserstoff, Sauerstoff, Stickstoff und Phosphor.

[c] (NEIS-BEECKMANN, 2015) S. 51 ff.

STRUKTUREN der in diesen Verbindungen enthaltenen Atome.

Das erkennbare Prinzip gilt allgemein: Jedes Molekül enthält in seiner STRUKTUR als Unterstrukturen, die, eventuell etwas modifizierten, STRUKTUREN aller Atome, aus denen es besteht. Moleküle können somit offensichtlich nur entstehen, wenn die sie bildenden Atome vorhanden sind.

Jede Zelle eines organischen Wesens, jeder Einzeller, ja selbst jedes Virus ist aus chemischen Verbindungen, aus Molekülen aufgebaut. Die STRUKTUR jeder Zelle enthält die STRUKTUREN dieser chemischen Verbindungen als Unterstrukturen. Organische Wesen können daher nur entstehen, wenn die dafür notwendigen chemischen Verbindungen vorhanden sind. Diese Überlegung lässt sich fortsetzen:

STRUKTUREN *sind hierarchisch aufgebaut*!

Tim:

Es ist nicht ganz einfach, Ihre Gedanken zu verarbeiten, sie voll zu akzeptieren. Man muss dazu offenbar viele Vorstellungen, die einem selbstverständlich scheinen, die vielleicht auch in der Schule vermittelt wurden, revidieren, fast möchte ich sagen, über Bord werfen. Aber ich versuche es, denn mir scheinen Ihre Überlegungen nicht nur interessant, sondern auch schlüssig zu sein.

Dr. Fausten:

Ja, ich hoffe, dass ich Sie davon überzeugen konnte, dass **alles naturwissenschaftlich Beobachtbare, alles Materielle, strukturierte Energie und nur strukturierte Energie ist. Alles Materielle besteht daher aus zwei Komponenten, nämlich Energie und STRUKTUR. Es besitzt zwei Seiten, eine energetische Seite und eine geistige Seite.** Wenn mir das gelungen ist, können wir uns wieder Ihrer Frage nach der Seele zuwenden.

Zunächst müssen wir uns im Klaren sein, dass wir die - rein geistige - Seele mit naturwissenschaftlichen Methoden nicht *direkt* beobachten können. Mit naturwissenschaftlichen Methoden können wir nur Materielles beobachten und das ist, wie ich bereits mehrfach betont habe, eben strukturierte Energie und nur strukturierte Energie! Auf die Existenz der rein geistigen Seele können wir nur *indirekt* schließen, allerdings sehr wohl auf Basis unserer Beobachtungen! Die dadurch gewonnenen Erkenntnisse enthalten trotz dieser naturwissenschaftlichen Basis immer auch etwas Spekulatives.

Tim:

Dennoch bin ich sehr neugierig, welche Überlegungen zur „Seele" Sie haben. Mit der „Seele"
wird im allgemeinen Sprachgebrauch zumeist etwas
gemeint, das charakteristisch für den Menschen ist.
Manche meinen, auch Tieren eine Seele zuerkennen
zu können. Sie haben in unserem Gespräch schon
jedem Buch eine Seele zugeschrieben. Sie verstehen
den Begriff der „Seele" offenbar viel weiter als
üblich.

Seele - Konzept des Wesens
Dr. Fausten:

Ja! Ich kam zur Ansicht, dass auch Tiere, Pflanzen,
ja im Grunde alle Wesen ein geistiges Konzept, eine
Seele besitzen. Der Begriff des Wesens ist auf jede
beliebige materielle Einheit anwendbar. Er trifft auf
ein einzelnes Atom ebenso zu, wie auf den ganzen
Kosmos, aber natürlich auch auf jeden einzelnen
Menschen.

Die Seele ist das geistige Konzept jedes Wesens!

Die Seele steht über der STRUKTUR eines Wesens;
sie ist die Ursache, dass das Wesen so ist, wie es ist.
Erst dieses Konzept der STRUKTUR sorgt dafür,
dass eine STRUKTUR sinnvoll ist. Sie gibt damit
auch dem Wesen, für dessen STRUKTUR sie das
Konzept ist, seinen Sinn.

Tim:

Sie sagen damit, dass jedes Wesen einen Sinn habe. Wie ist das zu verstehen?

Seele und Sinn des Wesens

Dr. Fausten:

Ja, ich bin der Überzeugung, dass die STRUKTUR jedes real existierenden Wesens, also jeder beliebigen materiellen Einheit, sinnvoll ist. Die STRUKTUR jedes real existierenden Wesens ist zumindest insofern sinnvoll, als sie eben die Existenz dieses Wesens ermöglicht, also Voraussetzung für dessen Existenz ist. Wir haben gesehen, dass die STRUKTUR von Wesen hierarchisch aufgebaut ist. Höher strukturierte Wesen enthalten daher niedriger strukturierte Wesen: Moleküle bestehen aus Atomen, Zellen aus Molekülen ... Man kann daraus schließen, dass zumindest *ein* Sinn wahrscheinlich fast aller Wesen es ist, Teil eines höher strukturierten Gesamten zu sein bzw. zu werden. Damit bekenne ich mich zu der Auffassung, dass Geistiges - und STRUKTUR ist ja Geistiges - bestrebt ist, sich weiter zu entwickeln.

Die STRUKTUR, insbesondere von höher strukturierten Wesen, kann diesen vielfältige Möglichkeiten verschaffen und diesen damit zusätzlichen Sinn geben.

Nicht jede beliebige *denkbare* STRUKTUR ist sinnvoll. STRUKTUREN, die nicht zumindest etwas Existenzfähiges, also ein *funktionierendes* Wesen ergäben, wären z. B. sinnlos; sie könnten ja gar nicht als Wesen realisiert werden. Es muss daher eine geistige, die STRUKTUR jedes konkret existierenden Wesens bestimmende Überordnung geben, die für die Sinnhaftigkeit der STRUKTUR maßgebend ist: Das ist die Seele!

Tim:

Da habe ich aber ein Problem. Wenn ich Ihre Überlegungen richtig verstehe, dann bestimmt die Seele die STRUKTUR des Wesens. Bei einem Lebewesen, also insbesondere auch beim Menschen, verändert sich doch offensichtlich seine STRUKTUR im Laufe der Zeit, denn *leben* bedeutet Veränderung. Da scheint mir ihr Vergleich mit dem Buch, mit dem Sie mir den Begriff der STRUKTUR und schließlich auch der Seele ursprünglich erläutert haben, nicht ganz einleuchtend zu sein, denn ein Buch ist unveränderlich.

Dr. Fausten:

Mir ist zunächst die Erkenntnis wichtig, dass die Seele das *geistige Konzept* jedes Wesens ist und dessen STRUKTUR bestimmt. Das gilt auch für jeden Menschen.

Ich möchte mit einem anderen Vergleich Ihren Einwand berücksichtigen.

Nehmen Sie irgendeinen Betrieb. Dahinter steht immer ein geistiges Konzept. Ein solcher Betrieb ist weit mehr als eine wahllose Anhäufung von Maschinen sowie Menschen, die an Ersteren ziellos herumschalten! Es gibt ein geistiges Konzept, das erst dazu führt, dass diese Maschinen und Menschen zusammen etwas Sinnvolles bilden: Diesen Betrieb, der seinerseits etwas Sinnvolles macht, z. B. irgendetwas Brauchbares erzeugt. Dieses geistige Konzept bestimmt den physischen Aufbau des Betriebes. Es bestimmt aber auch Regeln, wie alle Teile funktionieren und zusammenwirken sollen, damit etwas Bestimmtes erreicht werden kann. Dieses Konzept ist ein rein geistiges Gebilde. Es entsteht in den Gedanken des Planers und ist längst fertig, bevor der erste Ziegelstein zum Bau einer Fabrikhalle oder die erste Schraube für eine vorgesehene Maschine existiert. Es enthält auch ein Ziel, ja es entsteht gar nicht, wenn nicht ein Ziel vorhanden ist. Wer plant schon einen Betrieb, ohne ein bestimmtes Ziel im Auge zu haben. Das hätte keinen Sinn. Das Konzept kann auch im Laufe der Zeit verändert werden und bleibt dennoch für diesen Betrieb charakteristisch. Ich meine, dass dieses geistige

Konzept auf den Menschen angewendet das ist, was man seine Seele nennt.

Tim:

Man könnte meinen, dass Sie sogar das Konzept eines Betriebes als dessen Seele betrachten. Geht Ihr Seelenbegriff tatsächlich so weit?

Dr. Fausten:

Ja, selbstverständlich! Sobald Menschen sich organisieren, bilden sie gemeinsam etwas Neues, Spezifisches. Eine solche Gemeinschaft hat eine STRUKTUR und hinter ihr steht ein geistiges Konzept, das sich auf unterschiedliche Weise aus-drückt.

Tim:

Wenn Sie menschlichen Organisationen, die sich im Laufe der Zeit doch oft stark verändern, eine Seele zuordnen, dann stellt sich die Frage noch deutlicher: Können sich Seelen auch verändern?

Veränderungen der Seele

Dr. Fausten:

Die Seele, so wie ich sie verstehe, und zwar nicht nur die des Menschen ist das geistige Gesamt-konzept des Wesens. Ihre Bedenken betreffen offen-bar die Frage, ob das Gesamtkonzept eines Wesens unveränderlich sei oder sich im Laufe der Existenz des Wesens verändern könne. Die STRUKTUR des Wesens ist ein Abbild der Seele, aber nicht mit dieser identisch. Erinnern Sie sich an meinen Versuch, Ihnen den Begriff der Seele am Beispiel eines Buches darzulegen. Ein Buch ist einerseits etwas Materielles, bestehend aus Papier und Druckerschwärze. Aber aus Papier und Druckerschwärze [a] wird das Buch erst durch das Paket logisch verknüpfter Bedingungen und integrierter Informationen. Erst durch die ganz konkrete Anordnung der Buchstaben und Zeichen, durch die STRUKTUR die es besitzt, die dem Leser in der Sprache des Autors dessen Gedanken vermitteln soll, wird es zum Buch. Diese STRUKTUR beruht ihrerseits auf dem Konzept, das der Autor für das Buch hatte. Dieses Konzept bezeichne ich als die Seele des Buches.

Ein ganz bestimmtes Exemplar des Buches verändert sich, sieht man von physischen Abnützungserscheinungen und Alterungsvorgängen ab, während seiner Existenz nicht; seine STRUKTUR bleibt unverändert. Die Existenz des Werkes eines Autors ist aber nicht an die Existenz eines einzelnen

---

[a] Papier und Druckerschwärze haben eine Masse und sind daher strukturierte Energie; ihre Struktur wird in der Struktur des Buches zu einer Unterstruktur.

Exemplars gebunden. Das Buch in etwas erweitertem Sinn existiert so lange, wie es Lesern zur Verfügung steht. In einer Neuauflage können daher durchaus Änderungen hinsichtlich der Aussagen des Autors vorhanden sein. Das ist bei wissenschaftlichen Büchern aufgrund der Weiterentwicklung der Forschung häufig der Fall. Dennoch ist die Neuauflage eines Buches nicht etwas gänzlich Anderes, es wird immer noch weitgehend das gleiche Buch sein. Das Wesentliche des Buches, sein Konzept, seine „Seele", hat sich zwar durch die veränderten Aussagen auch verändert, es ist aber im Prinzip immer noch dasselbe. Die Seele eines Wesens kann sich also grundsätzlich durchaus verändern.

Tim:

Kann nur der Autor, sozusagen der Ursprung der Seele, diese verändern?

Dr. Fausten

Während bei einem Buch solche Veränderungen nur durch den Autor erfolgen können, ist das bei anderen Wesen in vielfältiger Weise möglich. Am Beispiel des Betriebes: Hinter jedem Betrieb steht ein geistiges Konzept, das den Aufbau und die Abläufe, eben die geistige STRUKTUR des Betriebes, bestimmt. Es ist nun gar nicht außergewöhnlich, dass sich dieses Konzept aufgrund von Erfahrungen, ja aufgrund der normalen Arbeit im Betrieb verändert. Nehmen Sie als Beispiel den Hersteller eines Autos. Es ist geradezu eine Überlebensfrage, dass im Laufe der Zeit die Konstrukteure, die ja ein Teil des Betriebes sind, neue Gedanken haben. Diese können strukturelle Konsequenzen für den Betrieb nach sich ziehen. Eine Änderung des Programms von Fahrzeugen mit konventionellem Antrieb auf Elektroautos hätte zweifellos starke Rückwirkungen auf das Gesamtkonzept des Betriebes, also auf dessen Seele. Das veränderte Gesamtkonzept, das immer noch das des Autoherstellers ist, würde in der Folge die STRUKTUREN des Betriebes auf die neue Situation ausrichten.

Bei Lebewesen, insbesondere beim Menschen, sind Veränderungen der Seele wohl sogar die Regel. Wenn Sie z. B. heiraten und womöglich Kinder bekommen, dann wird sich das auf ihr ganzes Lebenskonzept und damit auf ihre Seele sicher auswirken.

Tim:

Man heiratet nicht jeden Tag. Sind nur so einschneidende Ereignisse Voraussetzung für die Veränderung der Seele?

Dr. Fausten:

Nein. Ganz allgemein können die durch die Kommunikation vom Wesen aufgenommenen Informationen auch die STRUKTUR des Wesens verändern und letztlich indirekt auf die Seele rückwirken. Seelen können so durchaus eine Entwicklung erfahren.

Das gilt gerade auch für die Seelen übergeordneter Einheiten, also z. B. für Gruppen von Menschen, für Völker, ja die Menschheit selbst. Ich denke an die Wirkung von Gedanken, von Theorien auf ganze Völker. Welche Wirkung hatte der Marxismus, der Nationalsozialismus oder manche Philosophie der Bewegung des Jahres 1968! Hier führten Ideen zu weitreichender Veränderung von Völkern, ja der Welt. Nicht zu Unrecht bezeichnet man solches Gedankengut, das weite Teile der Bevölkerung beeinflusst, als „Zeitgeist". Als etwas Geistiges, das die Geschicke, das Denken und Handeln der Bevölkerung zu einer bestimmten Zeit weitgehend beherrscht. Solche Gedanken bekommen ein Eigenleben, sie sind, so sie einmal entstanden und weitergegeben sind, nicht mehr rückgängig zu machen. Sie werden geradezu personifiziert. Man spricht ja auch vielfach in einer Weise von diesen „Ismen", als wären sie selbstständige, frei handelnde Personen.

Tim:

Was Sie da sagen, bringt mich auf die Frage „Was war früher: die Henne oder das Ei?" Ist die STRUKTUR ein Produkt der Seele, die Seele also Voraussetzung für die Entstehung von STRUKTUREN? Oder kann eine Seele umgekehrt aus der STRUKTUR entstehen?

Dr. Fausten:

Die STRUKTUR eines Wesens ist das Abbild seiner Seele, sie ist aber nicht identisch mit der Seele und auch nicht deckungsgleich. Die Seele ist das geistige Konzept des Wesens, die STRUKTUR ergibt sich aufgrund dieses Konzeptes. An sich ist diese logische Reihenfolge eindeutig. Die Beispiele vom Buch und vom Betrieb, die ich verwendet habe, sollten das verdeutlichen.

Ihre Frage ist aber dennoch verständlich, insbesondere im Zusammenhang mit der erwähnten Rückwirkung der STRUKTUR auf die Seele. Ich werde daher versuchen, die Frage der Veränderung von Seelen etwas detaillierter zu behandeln.

Beginnen wir mit dem Beispiel des Buches. Die Veränderung der Botschaft in diesem bei einer Neuauflage, z. B. in wissenschaftlichen Büchern, erfolgt durch den Autor. Von ihm ging die Botschaft der ersten Auflage aus, er veränderte oder ergänzte diese Botschaft aufgrund neuer Erkenntnisse für die zweite Auflage. Die Veränderung der Seele des Buches beruht hier nicht auf einer Rückwirkung der STRUKTUR des Buches auf seine Seele, sie stammt vielmehr von der ursprünglichen geistigen Quelle der Seele des Buches. Es dürfte ein gewisses Maß an Willkür oder persönlichem Geschmack sein, ab welchem Grad der Veränderung des Inhalts eines Buches man meint, das Buch sei etwas gänzlich Neues. Es habe mit den früheren Auflagen, auch wenn z. B. der Titel gleich geblieben ist, nichts mehr zu tun, was ja hieße, die neue Auflage habe ein neues Konzept, eine neue Seele.

Tim:

Hängt die Antwort auf diese Frage nicht auch davon ab, ob der Autor, also die „Quelle" der Seele, das alte Buch nur aktualisieren oder ein neues Buch schreiben wollte?

Dr. Fausten:

Das dürfte weitgehend stimmen. Betrachten Sie z. B. ein Buch wie den „DUDEN". Seit seiner Erstauflage im Jahr 1880 hat dieses Werk im Inhalt und Umfang sehr große Veränderungen erfahren. Dennoch ist sein *Grundkonzept* - einer einheitlichen Recht-schreibung der deutschen Sprache zu dienen - durch mehr als 135 Jahre unverändert geblieben. Die Seele des DUDEN ist im Grunde heute noch die gleiche wie 1880, obgleich der Inhalt des Buches und seine STRUKTUR sich sehr wesentlich verändert haben. Man wird aber bei genauerer Analyse erkennen, dass auch das Konzept, also die Seele des Buches, Veränderungen erfahren hat. So enthält der DUDEN heute auch viele Fremdwörter, insbesondere aus der englischen Sprache, die, obgleich nicht zur deutschen Sprache im engeren Sinn gehörend, viel verwendet werden. Das war 1880 nicht der Fall und wäre vermutlich aus politischen Gründen damals auch gar nicht möglich gewesen. Die Aufnahme von Fremdwörtern im DUDEN ist auch ein gutes Beispiel dafür, wie äußere Einflüsse die STRUKTUR eines Wesens verändern können, wobei das Konzept des Wesens, seine Seele, zunächst unverändert bleibt. In der Folge können diese Veränderungen der STRUKTUR auch Rückwirkungen auf das Konzept des Wesens, auf seine Seele, haben. Fremdwörter kamen zunächst in das Wörterverzeichnis des DUDEN, weil sie im Alltag viel verwendet wurden und als „Lehenswörter" gelten konnten. Dem war vermutlich keine Grundsatzentscheidung, Fremdwörter aufzunehmen, vorausgegangen. Der steigende Anteil solcher im Alltag verwendeten Wörter, und damit die Veränderung der STRUKTUR des DUDEN, führte schließlich dazu, eine solche Entscheidung zu treffen und damit das Konzept des DUDEN, seine Seele, zu verändern. Heute sind „bit, byte, Harddisk, B2B ..." einfach Bestandteil des DUDEN. Durch die systematische Aufnahme solcher Wörter wurde das Konzept des DUDEN erweitert und damit das Ursprungskonzept ergänzt und verändert. Damit wurde auch die Seele des Duden verändert, aber sie ist dennoch die gleiche wie 1880, denn das Grundkonzept gilt auch für die neueste Auflage.

Tim:

Offenbar hat sich inzwischen auch die „Quelle" der Seele verändert, denn Herr Duden lebt ja wohl nicht mehr?

Dr. Fausten:

Konrad DUDEN (1829 - 1911) ist seit über 100 Jahren tot. In seiner geistigen Nachfolge sorgt heute die „Dudenredaktion" im Zusammenwirken mit dem „Rat für deutsche Rechtschreibung" dafür, dass die Seele des DUDEN erhalten bleibt. Sie sind die geistige Quelle, von der die Veränderungen der Seele stammen. Diese Quelle hat sich auch selbst verändert, sie musste sich verändern, damit auch nach dem Tod Konrad Dudens die Seele des DUDEN erhalten bleibt. Die Quelle einer Seele kann sich also auch selbst verändern.

Nehmen wir als zweites Beispiel für die Veränderung der Seele eines Wesens den schon erwähnten Betrieb, in dem die Konstrukteure laufend die Produkte weiter entwickeln. Damit verbunden sind entsprechende Änderungen im Maschinenpark, in der Logistik und in der Betriebsorganisation. Die Konstrukteure, die mit ihrer Tätigkeit offensichtlich auch die STRUKTUR dieses Wesens „Betrieb" verändern, sind selbst Teil des Wesens „Betrieb" und Teil von dessen STRUKTUR. Hier verändert also die STRUKTUR sich selbst. Ob bzw. wann mit diesen Strukturänderungen auch eine Änderung des Konzepts dieses Betriebes, also seiner Seele, verbunden ist, ist schwer zu definieren. Wenn nur die Lackfarbe der neuen Serie verändert wurde, hat das auf das Gesamtkonzept des Betriebes sicher keinen Einfluss, obgleich sich in der Logistik, vielleicht auch im Maschinenpark, also in der STRUKTUR, etwas geändert haben wird. Spätestens bei der Umstellung von konventionellem Antrieb mit Verbrennungsmotor auf Elektroantrieb ist aber, wie schon erwähnt, die Veränderung sicher so groß, dass auch das Gesamtkonzept des Wesens „Betrieb", also seine Seele, verändert wird. Das habe ich schon erwähnt.

Tim:

Jetzt habe ich eine grundsätzliche Frage. Ein Buch, sagten Sie, bestünde aus Papier und Druckerschwärze einerseits und der STRUKTUR andererseits. Letztere definierten Sie als Paket logisch verknüpfter Bedingungen, z. B. hinsichtlich der Auswahl und Anordnung der Buchstaben und Satzzeichen. Dieses konkrete Buch besitze eine Seele, die hinter der STRUKTUR des Buches stehe.

Jetzt haben Sie die Neuauflage eines Buches, z. B. des DUDEN, als Beispiel für mögliche Veränderungen der STRUKTUR bei nicht veränderter Seele genannt.

Wenn man ein Buch als Summe von Papier und Druckerschwärze einerseits und der STRUKTUR andererseits bezeichnet, dann sind Bücher verschiedener Auflagen, ja selbst Bücher der gleichen Auflage doch verschiedene Wesen. Da jedes Wesen eine Seele hat, müssen diese verschiedenen Bücher auch jeweils eigene Seelen besitzen. Da scheint mir ein Widerspruch vorzuliegen: Einerseits müssen die Bücher verschiedene konkrete Seelen haben, andererseits sprechen Sie von einer unveränderten Seele, selbst bei verschiedenen Auflagen. Wie passt das zusammen?

Dr. Fausten:

Wir müssen uns bewusst sein, dass die Seele das geistige *Konzept* eines Wesens ist. Dieses Konzept ist die Vorgabe für die STRUKTUR des Wesens, d. h., die ebenfalls geistige STRUKTUR des Wesens muss so beschaffen sein, dass sie diesem Konzept gerecht wird. Ich habe schon betont, dass die STRUKTUR zwar ein Abbild der Seele ist, insofern, als sie eben diesem geistigen Konzept entspricht. Die STRUKTUR ist aber keine „Kopie" der Seele. Schon gar nicht sind Seele und STRUKTUR des Wesens eine raum-zeitliche Einheit, wie das zwischen der STRUKTUR und der Energie des Wesens der Fall ist. Das haben wir ja schon an den Beispielen gesehen, die ich im Zusammenhang mit der Veränderbarkeit der Seele behandelt habe.

Daraus folgt, dass das geistige Konzept eines Wesens mehrfach realisiert werden kann. Ein Konzept kann in mehreren gleichartigen Wesen realisiert werden, mehrfach die gleiche STRUKTUR verursachen. Jedes einzelne dieser Wesen ist dann gleich strukturiert, hat ganz gleiche Eigenschaften wie die anderen auf diesem Konzept beruhenden Wesen. Eine „Seele" ist dann für mehrere gleiche Wesen der geistige Urheber. Da jedes dieser Wesen die gleiche STRUKTUR besitzt, hat es auch - da wir die STRUKTUR eines Wesens als ein „Abbild" seiner Seele betrachtet haben - die gleiche Seele. [a] Wir können also mit Recht davon sprechen, dass jedes dieser Wesen eine Seele hat, die völlig gleich ist mit den Seelen der „eineiigen" Mehrlinge, aber auch gleich ist mit der „Mutterseele". Sie alle besitzen eine gleiche Seele. Es ist eine Eigenheit alles Geistigen, dass es ohne Verluste „geklont", also mehrfach „genutzt" werden kann. Daher wäre es sogar denkbar, diese Seelen nicht nur als *gleich*, sondern sogar als *identisch* zu bezeichnen. Dennoch meine ich, dass es besser ist, von Gleichheit zu sprechen, um dem menschlichen Vorstellungsvermögen entgegen zu kommen.

Zurückkommend auf Ihre konkrete Frage: Alle Bücher einer Auflage haben die gleiche STRUKTUR - zumindest soweit, wie es zur Realisierung des Konzepts, also der Seele entsprechend - notwendig ist. (Sollte z. B. ein Exemplar in der Papierqualität, der Intensität der Druckerschwärze oder der Druckqualität etwas abweichen, ist zwar die STRUKTUR geringfügig verändert, das Konzept des Buches aber nicht betroffen). Sie be-

---

[a] Das geistige Konzept kann auch in unterschiedlichen STRUKTUREN realisiert werden. Ein Beispiel ist die weiter oben behandelte korrekte Fremdsprachenversion eines Buches.

ruhen auf dem gleichen Konzept, ihre STRUKTUR entspricht grundsätzlich diesem. Sie haben also alle die gleiche Seele, die eigentlich vom Autor vorgegeben wurde. Das gilt auch für verschiedene Auflagen, sofern der Inhalt nicht verändert wurde. Die Frage, ob das Buch einer veränderten Neuauflage eine neue oder nur eine veränderte Seele besitzt, hängt vom Autor, der Quelle der Seele des Buches, ab. Das haben Sie vorhin richtig gesehen. Will der Autor etwas Neues damit schaffen, hat er ein neues Konzept? Oder will er das Konzept als solches beibehalten und dieses nur an veränderte Umstände anpassen, ohne es grundsätzlich zu verändern.

Tim:

Was geschieht nun mit der Seele eines konkreten Buches, wenn das Buch zerstört, z. B. verbrannt wird?

Ende der Seele

Dr. Fausten:

Ich sagte vorhin, dass ich lieber von der Gleichheit als der Identität der Seelen sprechen möchte, um dem menschlichen Vorstellungsvermögen entgegen zu kommen. Bei der Beantwortung Ihrer Frage ist das hilfreich. Die Seele des konkreten Exemplares des Buches endet mit der physischen Zerstörung des Buches und damit verbunden der STRUKTUR desselben. Man könnte sagen, sie stirbt. Das hat aber keinerlei Auswirkung auf die Seelen der anderen Exemplare der gleichen Auflage (oder einer unveränderten weiteren Auflage). Anders wäre es, wenn das zerstörte Exemplar das letzte, einzige noch existierende Exemplar gewesen wäre. Dann ginge tatsächlich das Konzept dieses Buches als solches verloren. Die Seele dieses Buches wäre tot, sie würde nicht mehr bestehen, sofern nicht dieses Konzept noch woanders, z. B. im Kopf des Autors oder auf einem Speichermedium, aufgehoben ist.

Vielleicht sollte man zur besseren Verständlichkeit das Konzept des Buches als solches als die Hauptseele oder Urseele bezeichnen, die des einzelnen Buches als Teilseele. Sie sind alle völlig gleich, doch kann jede Teilseele sterben, ohne die anderen Teilseelen oder gar die Hauptseele zu verändern. Existiert allerdings nur noch eine Teilseele, dann ist mit ihr die einzige Realisierung der Hauptseele verbunden und die Hauptseele ginge mit der Teilseele gemeinsam unter. Es sei denn, die Hauptseele wurde woanders vor der Zerstörung geschützt.

Tim:

Wie sich Seelen verändern und sterben können, haben Sie dargelegt. Aber wie entstehen denn die Seelen überhaupt?

Entstehung der Seele

Dr. Fausten:

Diese Frage ist nicht einfach zu beantworten. Ich habe schon mehrfach von der „Quelle" der Seele gesprochen. Der Autor eines Buches ist sicher der Urheber des Konzepts des Buches. Er kann als die Quelle der Seele des Buches, genauer der Hauptseele oder Urseele des Buches, bezeichnet werden. Wie im Einzelnen dieses Konzept im Autor entsteht, welche kognitiven Vorgänge stattfinden, das entzieht sich weitgehend unserem Wissen. Die Entstehung von Ideen, und solche sind ja Voraussetzung für ein Buchkonzept, ist weitgehend ungeklärt. Darüber wurde schon viel geforscht. Viele Details, insbesondere die grundsätzlichen Voraussetzungen betreffend, sind bekannt. Eine wirklich befriedigende Erklärung der Frage, wie neue Ideen konkret entstehen, gibt es meines Wissens nicht.

Sicher scheint mir schon rein logisch, dass Geistiges nur von Geistigem geschaffen werden kann. Das schließt aber nicht aus, dass dabei energetische „Hilfsmittel" notwendig sind. Die Gedanken des Autors - also Geistiges - entstehen in seinem Gehirn und dieses ist materiell. Das Gehirn besteht wie alles Materielle aus einer geistigen und einer energetischen Komponente.

Die STRUKTUR des menschlichen Gehirns ist, wie wir gesehen haben, ungeheuer komplex. [a] Die geistige Komponente des Gehirns ist also in Relation zur energetischen, zur Masse des Gehirns, sehr groß. Anders ausgedrückt, die spezifische Komplexität des menschlichen Gehirns ist außerordentlich groß. Ich vermute, dass diese extrem hohe spezifische Komplexität des Gehirns seine Fähigkeit, Geistiges zu schaffen, zumindest teilweise erklärt.

Auch in unserem Beispiel eines Betriebes ist die Quelle der Seele ein Mensch oder vielleicht ein Team von Menschen. Hier gilt, wie bei allen auf menschlichem Wirken beruhenden Wesen, im Prinzip das über den Autor eines Buches Gesagte.

Tim:

Der Mensch kann aber nicht die einzig mögliche Quelle von Seelen sein. Die Seelen sehr vieler, ich meine sogar der meisten Wesen, von den Atomen beginnend, haben sicher nicht Menschen als Quelle.

Dr. Fausten:

Da haben sie natürlich recht. Wie ich schon vorhin sagte, kann Geistiges nur von Geistigem geschaffen werden. Die Quelle einer rein geistigen Seele muss also selbst etwas Geistiges sein.

---

[a] Siehe S. 73.

Das bedeutet auch, dass im Prinzip die Seelen aller Wesen als Quelle neuer Seelen wirken können. Tatsächlich entstehen ja sehr viele Wesen durch das Wirken anderer Wesen. Offenkundig ist das besonders in der biologischen Vermehrung: Die STRUKTUR einer Pflanze, eines Tieres, aber auch eines Menschen wird wesentlich von den Genen und damit der STRUKTUR der Eltern (bei nicht sexueller Vermehrung des Mutterwesens) bestimmt. Die STRUKTUR des neuen Wesens ist ein Abbild seiner Seele. Offenbar sind die Seelen der Eltern die Quelle der Seelen ihrer Nachkommen. Auch die Seelen übergeordneter Wesen, bis hin zu der des Kosmos, können bei der Schaffung neuer Seelen wirken bzw. mitwirken.

Tim:

Sie sagten soeben, die Seele des Kosmos könne als Quelle wirken. Woher stammt eigentlich diese?

Dr. Fausten:

Nach dem Standardmodell der Kosmologie war bereits im Urknall, genauer kurz nach dem Urknall, die Energie strukturiert. Die Photonen und Elementarteilchen, aus denen die Gesamtenergie bestand, hatten Impuls und Drehimpuls. Dieses Standardmodell glauben wir, aufgrund der Naturbeobachtung vertreten zu können. [a] Die Energie war somit orientiert, d.h. der Kosmos besaß also bereits damals eine STRUKTUR und, so kann man schließen, auch ein Konzept dafür, also eine Seele. Die weitere Entwicklung des Kosmos beruht auf diesem Fundament. Zumindest indirekt ist die Quelle der Seele des Kosmos die eigentliche Urquelle aller anderen Seelen. Die Quelle der Seele des Kosmos ist aber ebenso naturwissenschaftlich unfassbar, wie die Ursache des Urknalls überhaupt. Mit dem Urknall beginnt die Existenz unseres Kosmos. Hier beginnt überhaupt erst das, was wir unter Natur zusammenfassen. Damit beginnt auch hier erst das Gebiet, mit dem sich die Naturwissenschaft befassen kann. Es ist sinnlos zu fragen, was „vor" dem Urknall gewesen sei, denn auch die Zeit beginnt erst damit. Zur Frage, ob es eine „Ursache" im logischen Sinn für den Urknall und damit wohl auch für die Urseele des Kosmos gibt, ist aus den genannten Gründen naturwissenschaftlich nicht behandelbar. Die Naturwissenschaft ist für sie nicht zuständig, sie kann es nicht sein. Leider kann ich ihnen keine befriedigendere Antwort auf ihre Frage geben.

---

[a] Eine allgemein verständliche Darstellung findet man in (WEINBERG, 1977).

Tim:

Ich versuche,, Ihre bisherigen Ausführungen über die Seele für mich kurz zusammenzufassen:

- Die Seele ist das Konzept des Wesens. Sie gibt dem Wesen seinen Sinn.

- Der Sinn des Wesens ist es, seine Aufgabe zu erfüllen.

- Aufgabe jedes Wesens ist es zumindest, seinen Beitrag zur Erhöhung der Komplexität zu leisten.

Man könnte daher sagen, dass es Aufgabe aller Wesen sei, die Komplexität des Kosmos zu erhöhen. Jedes einzelne Wesen hat eine Teilaufgabe dabei.

Habe ich das richtig verstanden?

Dr. Fausten:

Ja, so könnte man sagen.

Tim:

Beim Menschen ist die Aufgabe, die er zu erfüllen hat, offenbar recht vielfältig. Sie unterscheidet sich ganz wesentlich von der Aufgabe eines Steins. Das gilt auch dann, wenn beide die gleiche Masse besitzen, also aus gleich viel Energie bestehen. Das war ja gewissermaßen der Ausgangspunkt unseres Gespräches.

Mir stellt sich die Frage, wie es zu diesem Unterschied kommen konnte. Darüber haben doch sicher schon Viele nachgedacht, oder?

Komplexe Wesen und der 2. Hauptsatz der Thermodynamik

Dr. Fausten:

Ja, selbstverständlich. Die grundsätzliche Frage besteht darin, wie es möglich ist, dass in der Natur komplexe Wesen, insbesondere auch Lebewesen, entstehen und bestehen können, obgleich das nach dem 2. Hauptsatz der Thermodynamik eigentlich nicht sein kann.

Tim:

Den habe ich nur ganz dunkel in Erinnerung. Was besagt dieser zweite Hauptsatz der Thermodynamik?

Dr. Fausten:

Der zweite Hauptsatz der Thermodynamik kann so formuliert werden, dass Wärmeenergie nur von höherer zu niedrigerer Temperatur strömen kann. Daraus folgt, dass die Temperatur eines energetisch abgeschlossenen Systems einem einheitlichen, möglichst niedrigen Wert zustrebt. Ein solches System ist z. B. auch der Kosmos. Die Zukunft desselben ist daher nach dem 2. Hauptsatz der Thermodynamik eine einheitliche, sehr niedrige Temperatur aller Materie, der sogenannte „Kältetod".

Das aus dem 2. Hauptsatz abgeleitete Paradigma der Vorgänge in der Natur lässt eigentlich keinen Platz für viele Beobachtungen. Die Lebewesen können und müssen Temperaturunterschiede aufrecht erhalten und gehen nicht in einen Zustand gleichmäßig niedriger Temperatur über. Auch in der unbelebten Natur lassen sich viele geordnete Systeme erkennen,[a] die heute durchaus mathematisch beschreibbar sind, aber in einem energetisch abgeschlossenen System, in das also weder Energie zugeführt noch aus diesem abgeführt wird, nicht auftreten dürften.

Tim:

Mein Physiklehrer am Gymnasium sagte stets: „Die Natur hat immer recht!" Hier scheint die Theorie, also dieser 2. Hauptsatz der Thermodynamik, falsch zu sein.

Dr. Fausten:

Nein, der ist schon richtig. Die Lösung dieses scheinbaren Widerspruchs ist in dem Umstand begründet, dass alle diese Systeme, die dem 2. Hauptsatz der Thermodynamik zu widersprechen scheinen, eben nicht energetisch abgeschlossene Systeme sind, wie es der 2. Hauptsatz der Thermo-

---

[a] z. B. die Rayleigh-Bénard-Konvektion

dynamik für seine Gültigkeit erfordert! Solchen Systemen wird nämlich ständig hochwertige Energie zugeführt und sie geben ständig Wärmeenergie nach außen ab. Wegen dieser Umwandlung von hochwertiger, z. B. chemischer Energie in Wärme bezeichnet man solche Systeme als „dissipativ".

Tim:

Hat die Theorie doch noch die Kurve gekratzt! Ich hatte schon gehofft, dass man die Theoretiker bei einem Fehler ertappt hat. Verzeihen Sie, das ist natürlich kindisch.

Was passiert nun in solchen „dissipativen" Systemen?

„Selbstorganisation"

Dr. Fausten:

Der zentrale Begriff bei allen wissenschaftlichen Arbeiten auf diesem Forschungsgebiet ist die „Selbstorganisation". Allerdings wird der Begriff nicht einheitlich verwendet. [a] Generell wird darunter das Phänomen verstanden, dass unter bestimmten Bedingungen aus ungeordneter (chaotischer) Anordnung (spontan) Teile davon in einen Zustand höherer Ordnung übergehen können.

---

[a] (SCHALLNUS, 2005) S.79.

Der russisch-belgische Chemiker Viscompte Ilya PRIGOGINE (1917 - 2003) hat am Beispiel chemischer Uhren und anderer geordneter chemischer Systeme eine Thermodynamik solcher Systeme, die weit vom thermodynamischen Gleichgewicht entfernt sind, entwickelt und damit erstmals eine mathematische Grundlage für das prinzipielle Verständnis solcher Systeme geschaffen. Er zeigte, dass sich in solchen Systemen geordnete „dissipative Strukturen" bilden können, [a] also eine „Selbstorganisation" entstehen kann. Dafür erhielt er 1977 den Nobelpreis für Chemie. [b]

Tim:

Sie sagten „Selbstorganisation" sei der zentrale Begriff in dem Forschungsgebiet. Offenbar war Prigogine nicht der Einzige, der sich damit befasst hat.

Dr. Fausten:

Natürlich nicht. Humberto R. MATURANA (1928-) und sein Schüler (und späterer Kollege) Francisco J. VARELA (1946 - 2001) bemühten sich, von erkenntnistheoretischen Fragen ausgehend, um eine

---

[a] Dieser Strukturbegriff ist nicht identisch mit dem früher definierten Strukturbegriff, der für unsere eigenen Überlegungen gilt.
[b] (WIKIPEDIA, 2017a)

106

Definition des Lebewesens. Ihre Erkenntnistheorie ist nicht leicht nachvollziehbar und damit wird es auch schwierig, ihr darauf aufbauendes umfassendes, kühnes Gedankengebäude richtig zu verstehen. Das Verständnis wird nicht dadurch erleichtert, dass Maturana-Varela in ihrer Arbeit generell sehr spezifisch definierte Begriffe verwenden und zusätzlich neue Begriffe schaffen:

> Erkennen sei *wirksame Handlung* also „eine Handlung, die es einem Lebewesen in einem bestimmten Milieu erlaubt, seine Existenz darin fortzusetzen, indem es dort seine Welt hervorbringt." [a]

> „Ein Lebewesen ist durch seine autopoietische Organisation charakterisiert." [b]

Der hier auftretende Begriff der „Autopoiesie" wurde von Maturana-Varela geschaffen. Er bedeutet, dass ein Lebewesen ständig sich selbst schafft, ja, dass dies das Wesentliche des Lebewesens sei.

> Lebewesen sind „dadurch charakterisiert, dass sie sich - buchstäblich - andauernd selbst erzeugen." [c] Diese Autopoiesie setzt

---

[a] (MATURANA, et al., 2015) S. 36.
[b] (MATURANA, et al., 2015) S. 55
[c] (MATURANA, et al., 2015) S. 50

voraus, dass Lebewesen dissipativ und dadurch zur Selbstorganisation fähig sind.

Maturana-Varela haben wesentlich zur Akzeptanz der „Selbstorganisation" bei einer Reihe von Wissenschaftlern beigetragen.

Erich JANTSCH (1929 - 1980) hat davon ausgehend Selbstorganisation und Autopoiesie, die Maturana-Varela als spezifisch für Lebewesen gedacht hatten, auf alle Bereiche des Beobachtbaren übertragen. Er hat versucht, an Hand vieler Beispiele in seinem gleichnamigen Buch die „Selbstorganisation des Universums" zu beweisen.[a]

Tim:

Klingt alles für mich eher spekulativ.

Dr. Fausten:

Es ist sicher nicht leicht, alles nachzuvollziehen. Einen wesentlichen Beitrag zur „Selbstorganisation" hat Manfred EIGEN (1927 -) geleistet, der sich mit dem Auf- und Abbau von Nukleinsäuren auch experimentell befasste. Von ihm stammt die Theorie des Hyperzyklus, nach welcher zyklische Verknüpfungen von Reaktionszyklen für die „Selbstorganisation" von präbiotischen Systemen verantwortlich sein können.[b] Eigen erhielt 1967 auch

---

[a] (JANTSCH, 1982)
[b] (WIKIPEDIA, 2017b)

den Nobelpreis für Chemie, allerdings für eine ganz andere wissenschaftliche Leistung.

Hermann HAKEN (1927 -), befasste sich theoretisch mit der Entstehung des Lasers. Er konnte bereits 1962 eine abgeschlossene Theorie des Lasers veröffentlichen. In der Folge interpretierte er die Entstehung des Laserlichts als „Selbstorganisation" in einem Ungleichgewichtssystem und erweiterte diese Vorstellung zu einem neuen Wissenschaftszweig, der „Synergetik". In dieser wird das Prinzip der „Selbstorganisation" auf fast alle Bereiche der Wissenschaft angewendet, von der Physik über Biologie bis zu den Humanwissenschaften. [a] Im Unterschied zu JANTSCH, der diesen Ansatz auch verfolgt hat, untermauert HAKEN seine Überlegungen sorgfältig mit mathematischen Methoden.

Tim:

Wenn das mathematisch begründbar ist, kann es nicht so spekulativ sein, wie ich vermutetet habe. Können Sie mir kurz erklären, was nun die „Selbstorganisation" wirklich ist und wie sie funktioniert?

Dr. Fausten:

Es gibt eine Reihe von beobachtbaren Phänomenen, die zeigen, dass unter geeigneten Bedingungen aus

---

[a] Ergibt sich insgesamt aus (HAKEN, 1981) und (HAKEN, 1982).

ungeordneten Zuständen geordnete Zustände entstehen können. Prigogine und Haken haben solche Phänomene mathematisch analysiert und wissenschaftlich bearbeitet.

Gerne wird die Bénard-Instabilität als Beispiel genannt: Wird eine dünne Flüssigkeitsschicht oben auf konstanter Temperatur gehalten und von unten vorsichtig erwärmt, dann tritt ab einem bestimmten Temperaturgefälle eine geordnete Bewegung in dieser Flüssigkeit ein. Die aufsteigenden und absinkenden Flüssigkeitsströme bilden, wenn man auf die Oberfläche schaut, regelmäßige Muster.[a] Je nach Gefäßform können das parallele Linien oder sechseckige Waben u. dgl. sein.

Es handelt sich dabei um eine thermische Naturkonvektion, wobei sich die Strömungsformen aus der Kombination von Wärmeübergang und Strömungswiderstand ergeben.

Ein ähnliches Phänomen sind parallele Wolkenstraßen. Sie entstehen durch eine thermische Luftbewegung, wobei aufsteigende und absinkende Luftmassen eine rollenartige Zirkulation bilden. In dieser kondensiert die Feuchtigkeit bei Unterschreitung des Taupunktes im sich abkühlenden Strömungsteil als Nebel (Wolkenbildung), im sich

---

[a] Siehe z. B. (HAKEN, 1982), S.7.

erwärmenden Abschnitt geht die Luftfeuchtigkeit in Lösung und die Luft ist klar. Beide Phänomene werden als Beispiele für die „Selbstorganisation" der Moleküle angeführt. [a] Haken führt insbesondere die Entstehung von Laserlicht auf eine „Selbstorganisation" der Licht emittierenden Atome zurück.

Ein immer wieder genanntes Beispiel für die „Selbstorganisation" ist das Experiment von S. Miller, einem Studenten der Universität Chicago. 1953 mischte er in einem recht einfachen Laborversuch Wasser, Wasserstoff, Methan und Ammoniak, von denen er annahm, dass sie in einer Uratmosphäre vorhanden waren. Er setzte dieses Gasgemisch starken elektrischen Entladungen aus, um eine Gewittertätigkeit zu simulieren. Im Kondensat konnte er verschiedene Aminosäuren nachweisen, die sich aus dem Gasgemisch unter Einwirkung der elektrischen Entladungen gebildet hatten.

Dieses Experiment wurde nicht nur von zahlreichen Forschern wiederholt, sondern auch in der Zusammensetzung der Gasatmosphäre sowie der Art der Energiezufuhr variiert. Dabei zeigte sich, dass die Entstehung von „organischen" Aminosäuren aus

---

[a] (HAKEN, 1982) S. 7.

den „anorganischen" Ausgangsstoffen unter Energiezufuhr nichts Außergewöhnliches ist. [a]

Die Bildung von „organischen" Verbindungen aus „anorganischen" Stoffen war für viele Wissenschaftler von besonderem Interesse. [b]

Tim:

Wenn ich mich nicht irre, wurde im 2. Weltkrieg in Deutschland großtechnisch Benzin aus Steinkohle und Wasser erzeugt. Nun besteht doch Benzin auch aus „organischen" Verbindungen. Woher kam das genannte Interesse von Wissenschaftlern für das Jahre später erfolgte Experiment von Miller?

Dr. Fausten:

Sie haben recht. Das Fischer-Tropsch-Verfahren wurde großtechnisch in Deutschland eingesetzt. Erdöl war ja knapp. Auch hatte das Synthesebenzin fast keinen Schwefel, weshalb es besonders gut als Flugbenzin geeignet war. [c] Und Sie haben auch recht, dass Benzin aus organischen Verbindungen besteht. Synthesebenzin wird in einem mehrstufigen

---

[a] (BOSCHKE, 1970) S.129 f.

[b] Unter „organischen" Molekülen werden alle Verbindungen mit Kohlenstoffatomen (abgesehen von der Kohlensäure und ihren Verbindungen) verstanden, also z. B. auch die meisten „Kunststoffe".

[c] (WIKIPEDIA, 2017g)

Prozess in technischen Anlagen unter gut definierten, in der Natur wohl kaum vorhandenen Bedingungen, erzeugt. Das Miller-Experiment arbeitete dagegen mit Bedingungen, wie sie möglicherweise in der Frühzeit der Erde vorhanden waren. Die sich so bildenden Stoffe könnten daher auch Teil der biologischen Evolution gewesen sein. Daher war das Experiment ein Ansatz zur Widerlegung des in der Vergangenheit zeitweise stark vertretenen - ursprünglich von ARISTOTELES (384 - 322 v. Chr.) begründeten - „Vitalismus", wonach die Entstehung von Leben aus unbelebter Natur nicht mechanistisch erklärbar sei. [a]

Das Entstehen der Aminosäuren im Miller-Experiment kann man, so man will, ebenfalls auf die „Selbstorganisation" der beteiligten Atome zurückführen. Das Experiment und die „Selbstorganisation" wurden damit von Interesse für die Frage nach der Entstehung von Leben und bekamen auch eine weltanschauliche Dimension.

Tim:

Was meinen Sie damit?

---

[a] (DIGEL, et al., 1981), Bd. 23, S. 228 f.

Dr. Fausten:

Die Frage nach der Entstehung der Lebewesen bis zum Menschen ist auch eine Frage, ob die These des Materialismus stimmt, wonach alles, auch das menschliche Leben, eine reine Frage von Physik und Chemie sei. Es geht darum zu zeigen, dass DEMOKRIT und Charles DARWIN (1809 - 1882) recht hatten mit ihrem Paradigma von *Zufall und Notwendigkeit* als die einzigen Ursachen der gesamten Evolution. [a]

Die Existenz von Aminosäuren ist *Voraussetzung* für das Entstehen von Lebewesen. Aus ihrer Existenz darf aber natürlich nicht geschlossen werden, dass daraus zwangsläufig Lebewesen entstehen *müssen*. Dieser Fehlschluss scheint Maturana/Varela unterlaufen zu sein, wenn sie schreiben:

> „In der Tat können wir annehmen, dass es unvermeidlich zur Bildung von autopoietischen Systemen gekommen ist, als in der Geschichte der Erde die hinreichenden Bedingungen gegeben waren. … Das heißt, es entstanden viele autopoietische Einheiten [b] mit vielen strukturellen Variationen

---

[a] (WIKIPEDIA, 2010)

[b] Autopoietische Einheit = Lebewesen; siehe weiter oben.

an vielen Orten der Erde in einem Zeitraum von vielleicht vielen Millionen Jahren." [a]

Maturana/Varela legen auch Wert darauf festzustellen, dass die Entstehung von Lebewesen ein zwangsläufiger, häufiger Vorgang war, der auf *Zufall und Notwendigkeit* beruhte. Es sei keine „gewisse Gerichtetheit in diesem Prozess" anzunehmen.[b]

Der Wissenschaftstheoretiker Karl POPPER (1902 - 1994) vertrat hingegen die Auffassung, dass die Entstehung von Lebewesen - und nicht von nur organischen Substanzen - ein höchst unwahrscheinlicher Vorgang war. Es mussten dazu ja nicht nur die äußeren Bedingungen für die *Entstehung* dieses Lebewesens lokal vorhanden sein, die Umwelt musste am gleichen Ort und zur gleichen Zeit auch für die *Bedürfnisse des entstandenen Lebewesens* geeignet sein.[c]

Tim:

Haben die von Ihnen genannten Vertreter der „Selbstorganisation" dafür eine Lösung?

---

[a] (MATURANA, et al., 2015), S. 58f.
[b] (MATURANA, et al., 2015), S. 51.
[c] (POPPER, 1987) S. 31.

„Autokatalyse"

Dr. Fausten:

Selbstverständlich wurden Vorschläge gemacht. Von EIGEN stammt eine ganze Evolutionstheorie. Nach ihm ist die „Autokatalyse" von zentraler Bedeutung. Darunter versteht er die Möglichkeit, dass sich ein Molekül „A" in Gegenwart eines anderen, als Katalysator wirkenden Moleküls „B", duplizieren kann. Wenn andererseits das Molekül „A" umgekehrt auch als Katalysator für die Duplizierung des Moleküls „B" dienen kann, könnten sich beide ständig vermehren. Ein solches System bezeichnet er als „autokatalytisch". Er vertritt die Auffassung, dass sich dadurch prinzipiell eine ständige Höherentwicklung aus einfachen organischen Molekülen zu komplexen Lebewesen erklären ließe. [a]

Tim:

Ist mir nicht ganz verständlich. Aber könnten Sie mir genauer erklären, was ein „Katalysator" ist?

Dr. Fausten:

Nach dem Chemiker und Nobelpreisträger Wilhelm OSTWALD (1853 - 1932) ist „ein Katalysator ein Stoff, der die Geschwindigkeit einer chemischen Reaktion erhöht,

---

[a] (HAKEN, 1981) S. 85 f.

ohne selbst dabei verbraucht zu werden und ohne die endgültige Lage des thermodynamischen Gleichgewichts dieser Reaktion zu verändern." [a]

Katalysatoren spielen in sehr vielen Systemen eine große Rolle. Die Enzyme in biologischen Systemen wirken z. B. als Katalysatoren.

Die Hypothese der „Autokatalyse" unterscheidet sich von den bekannten katalysatorischen Vorgängen grundsätzlich dadurch, dass die beiden Stoffe wechselseitig als Katalysatoren wirken müssen. Das ist sicher nicht allgemein der Fall.

Tim:

Ist bei dieser Hypothese nicht doch sehr viel Spekulation im Spiel? Wenn das so funktioniert, müsste dann nicht die Neuentstehung von Lebewesen, im Grunde sogar von höheren Lebewesen, aus organischen Grundmolekülen jederzeit wiederholbar sein? Davon habe ich aber noch nie etwas gehört.

Dr. Fausten:

Ich kann Ihnen nicht widersprechen. Meines Wissens ist es, trotz sicher vieler Versuche, noch nie gelungen, diese Hypothese zur Entstehung von Lebewesen experimentell zu verifizieren.

---

[a] (WIKIPEDIA, 2017c)

Die Thesen zur „Selbstorganisation" gehen davon aus, dass Möglichkeit auch Notwendigkeit bedeutet. Das entspricht der darwinschen Denkweise, wonach aus einer Möglichkeit durch Zufall Notwendigkeit wird. Das ist aber falsch. Möglichkeit wird durch Zufall nicht Notwendigkeit!

Wenn sich Photonen zum Laser „selbstorganisieren", entstehen daraus keineswegs noch komplexere Photonenstrukturen. Die „Selbstorganisation" von Luft- und Dampfmolekülen zu Zirkulationen, die Wolkenstraßen bilden, führt nicht weiter zu hochkomplexen Luft- und Dampfgebilden. Analoges lässt sich für alle Beispiele der „Selbstorganisation" zeigen. Die Entstehung von Aminosäuren und auch von komplexeren organischen Substanzen, z. B. Proteinen, aus anorganischen Stoffen, führt nicht zwangsläufig zur Bildung lebender Zellen. Dass diese Stoffe für den Bau einer Zelle *Voraussetzung* sind, bedeutet nicht, dass aus ihnen eine Zelle entstehen muss. Sogar beim Menschen zeigt sich, dass die *Möglichkeit* zur Höherentwicklung nicht zwingend zur *Realisierung* führt: Es werden nicht alle Menschen zu „Einsteins, Mozarts, Michelangelos, Mutter Theresas ...".

Tim:

Wieso vertreten dann seriöse Wissenschaftler diese Thesen der „Selbstorganisation" mit ihren Konsequenzen?

Darwins Erben

<u>Dr. Fausten:</u>

Das müssten Sie diese selbst fragen. Ich kann nur eine Vermutung äußern.

Das Paradigma von „Zufall und Notwendigkeit" als Grundlage jedes Modells der Evolution beherrscht vermutlich das Denken dieser Wissenschaftler so sehr, dass sie nur solche Gedankengänge akzeptieren können, die diesem Paradigma entsprechen. Das kommt auch gelegentlich direkt zum Ausdruck. So schreibt H. HAKEN, der Begründer der Synergetik:

> „Wir haben hier das für die Synergetik typische Wechselspiel zwischen Zufall und Notwendigkeit vor uns, ..." [a]

> „Ob also bei Lasermoden, bei Bio-molekülen, bei Hyperzyklen oder in der Tier- und Pflanzenwelt - immer wieder ist der Darwinismus am Werke. Die Tatsache, dass die darwinschen Regeln sowohl in der

---

[a] (HAKEN, 1981) S. 68.

belebten als auch unbelebten Materie gültig sind, ist ein Hinweis, dass sie eine ungeheure Tragweite haben. Sie sind von unmittelbarer Bedeutung auch für die Soziologie, ..."[a]

Und in Bezug zur Evolutionstheorie von EIGEN schreibt er:

> „Besonders reizvoll bei dieser Evolutionstheorie ist natürlich, dass sie eine Verbindung von der unbelebten zur belebten Natur durch Mutation und Selektion und damit durch eine ‚Höherentwicklung' der Biomoleküle herstellt, und gewissermaßen ein mehr oder weniger stetiger Übergang von ‚unbelebt' zu ‚belebt' aufgezeigt wird."[b]

HAKEN ist zweifellos ein exzellenter Wissenschaftler, aber offenbar vom darwinschen Paradigma von „Zufall und Notwendigkeit" in seinem Denken absolut bestimmt.

Tim:

Von diesem Paradigma scheinen Sie sich losgelöst zu haben. Wie Sie ausführten, liegen der von anderen Wissenschaftlern vertretenen Theorie der

---

[a] (HAKEN, 1981) S. 86.
[b] (HAKEN, 1981) S. 85

„Selbstorganisation" durchaus beobachtbare Phänomene zugrunde. Wie erklären Sie dieselben?

Dr. Fausten:

Die von HAKEN beobachtete „Selbstorganisation" von Teilen setzt logisch zwingend eine Kommunikation zwischen diesen Teilen voraus. Dieser notwendigen Kommunikation schenkt Haken allerdings keine Beachtung. Sie lässt sich auch im materialistischen Denken DEMOKRITS nicht gut verstehen. Haken, wie auch alle anderen genannten Wissenschaftler, ersetzen diese notwendige Kommunikation durch die „Fluktuation". [a] Darunter verstehen sie die wohl naturgesetzlich ablaufende, aber dennoch *zufällige* ständige Veränderung der Umwelt, in der sich die „Selbstorganisation" ereignet. [b] Damit wird auch dem Paradigma von *Zufall* und *Notwendigkeit* entsprochen.

In dem von mir vorgelegten Modell ist die *Kommunikation* zwischen der geistigen Seite der Wesen ein wesentliches Element.

---

[a] Fluktuation bedeutet allgemein „die völlig unregelmäßige Schwankung einer Größe um einen Mittel- oder Sollwert." (DIGEL, et al., 1981) Bd.7, S. 149.

[b] Dieser Zufallsbegriff für Vorgänge, die zwar naturgesetzlich ablaufen, deren Ursache aber nicht beobachtbar ist, entspricht dem Mach'schen Paradigma: „Was nicht beobachtbar ist, existiert nicht" (siehe auch Abschnitt „Zufall").

Formen der „Selbstorganisation" aufgrund von Kommunikation kann man täglich in der Natur beobachten. Das Sprichwort „wo Tauben sind, fliegen Tauben zu" drückt dieses Prinzip aus. Mit Recht vermuten andere Tauben, dass dort wo sie fressende Tauben sehen, Futter ist. Also fliegen sie dorthin. Die fressenden Tauben geben durch ihr Fressen unbeabsichtigt eine Information über die lokale Futtermöglichkeit ab, die von den anderen Tauben empfangen wird. Die so entstandene Kommunikation zwischen den fressenden und den anderen Tauben führt dazu, dass sich die zuvor ungeordnet verteilten anderen Tauben bei den fressenden Tauben ansammeln und gemeinsam nun ein System höherer Ordnung bilden. Analoge Vorgänge der Bildung von Systemen höherer Ordnung aufgrund eines gemeinsamen Interesses Vieler kann man vielfach, sowohl im Tierreich als auch besonders bei Menschen, beobachten. Wir haben auch festgestellt, dass die geistige Seite alles Materiellen, also alles Beobachtbaren, das Bestreben hat, sich zu vergrößern. Die Kommunikation zwischen der geistigen Seite verschiedener Wesen, z. B. von Molekülen, kann daher zur Erhöhung der Komplexität des Beobachtbaren führen. Auch solche können beobachtbare Phänomene ergeben, die der „Selbstorganisation" zuordenbar sind.

Bedingung ist aber immer eine Kommunikation zwischen den Beteiligten.

Die beobachtbare „Selbstorganisation" ist somit kein Ergebnis von *Zufall und Notwendigkeit*, sie ist die Folge von Kommunikation, also ein im Prinzip geistiges Ereignis! Die als "Selbstorganisation" bezeichneten Phänomene bestätigen daher auch nicht, wie HAKEN meint, die Bedeutung des Darwinismus.

Tim:

Und wie sehen Sie das hinsichtlich der Entstehung des Lebens?

Die Evolution - ein geistiger Vorgang

Dr. Fausten:

Damit kommen wir zur Frage, welche Konsequenzen meine Theorie für das Verständnis der Evolution hat.

Die Ergebnisse der Evolution beruhen in ihrer ganzen Vielfalt auf der unterschiedlichen STRUKTUR von Energie. STRUKTUREN sind aber rein geistiger Natur.

Ich bin daher der Auffassung, dass *die Evolution, vom Urknall bis heute, eine rein geistige Evolution war, da sie eine Evolution der STRUKTUREN war.*

Der Kosmos als Ganzes muss ein energetisch „abgeschlossenes" System [a] sein. Nach dem Energieerhaltungssatz [b] kann sich daher die Größe der in ihm enthaltenen Energie nie verändern, ist also seit dem „Urknall" konstant geblieben! [c]

Die ganze Evolution, sowohl der unbelebten als auch der belebten Natur, muss daher ausschließlich eine Entwicklung der Strukturierung der vorhandenen Gesamtenergie, eine Evolution der STRUKTUREN, eine strukturelle Evolution, eine rein geistige Evolution gewesen sein!

---

[a] Ein energetisch „abgeschlossenes" System ist ein „energie-isoliertes" System, dem also von außen weder Energie zugeführt noch entzogen werden kann.

[b] Der Energieerhaltungssatz besagt, dass Energie weder entstehen noch vernichtet werden kann. Es gibt keine einzige wissenschaftlich gesicherte Beobachtung, die diesem Naturgesetz widerspricht.

In einem energetisch abgeschlossenen System ist daher die Menge der Energie (einschließlich der in der Masse der Materie nach Einstein enthaltenen Energie) zeitlich konstant. Umwandlungen zwischen den verschiedenen Energieformen können durchaus stattfinden, aber die Gesamtsumme ist unveränderlich und durch nichts zu beeinflussen.

[c] Das ist zumindest die Auffassung der großen Mehrheit aller Naturwissenschaftler. Es gibt aber auch spekulative Theorien, wonach z. B. ständig Energie aus dem Nichts entsteht. Das widerspräche selbstverständlich dem Energieerhaltungssatz.

Alle Wesen besitzen, wie ich schon sagte, einerseits eine energetische Seite, gekennzeichnet durch ihre Masse und andererseits eine geistige Seite, gekennzeichnet durch das, was ich die *Komplexität* ihrer STRUKTUR nannte. Offensichtlich ist die Evolution im Wesentlichen in Richtung immer komplexerer STRUKTUREN gegangen. Komplexere STRUKTUREN beinhalten weniger komplexe Unterstrukturen. Daher ist die Bildung komplexerer Wesen zeitlich erst nach der Entstehung jener weniger strukturierten Wesen möglich, deren STRUKTUREN als Unterstrukturen in der STRUKTUR der höher strukturierten Wesen enthalten sind. Daraus ergibt sich in der Evolution zwangsläufig eine Entwicklungsrichtung von niedriger strukturierten zu höher strukturierten, zu komplexeren Wesen.

Grundsätzlich wäre auch die Bildung neuer Wesen durch Zerlegung komplexerer Wesen denkbar. An sich gibt es das ja, z. B. bei jedem Verwesungsprozess. Soweit ich es beurteilen kann, entstehen dabei aber in der Regel, Ausnahmen mag es geben, keine Wesen, die nicht auch auf andere Weise bereits entstanden.

Die Evolution ist offenbar durch eine *tendenzielle Erhöhung der Komplexität* ihrer STRUKTUREN gekennzeichnet. Das bedeutet, dass *die Gesamt-*

komplexität des Kosmos im Laufe der Evolution zugenommen hat, die Gesamtenergie aber konstant geblieben ist. Man könnte daher sagen, dass sich im Laufe der Evolution die Bedeutung der geistigen Seite des Kosmos im Verhältnis zur Bedeutung der energetischen Seite vergrößert hat.

Die spezifische Komplexität des Kosmos ist in der Evolution ständig gestiegen.

Das war für mich eine entscheidende Erkenntnis! Auf ihr beruht meine Ansicht, dass ein Sinn wahrscheinlich fast aller Wesen darin besteht, Teil eines höher strukturierten Ganzen zu sein bzw. zu werden. Man könnte sogar die philosophische Vermutung äußern, der tiefste Sinn jedes Einzelwesens bestehe darin, einen Beitrag zur *Vergeistigung des Kosmos* zu leisten.

Das Streben des Geistigen

<u>Tim:</u>

Sie sind offenbar der Ansicht, dass Geistiges das Bestreben hat, sich zu vergrößern. Können Sie mir Gründe für Ihre Auffassung nennen?

<u>Dr. Fausten:</u>

Erinnern Sie sich an unser Gespräch über die Eigenschaften des Geistigen. Wir stellten fest, dass es in Kunst und Wissenschaft keine Obergrenzen für das Geistige gibt. Jeder Künstler und jeder Wissen-

schaftler versucht, vorhandene Grenzen zu über-
schreiten. Das Geistige strebt nach mehr.

Besonders deutlich kann man dieses Bestreben des
Geistigen in der Evolution beobachten. Die
Evolution war und ist, wie wir gerade feststellen
konnten, eine rein geistige Evolution. Sie ist ja eine
Evolution der STRUKTUREN, der geistigen
Komponente alles Materiellen. Wie ich versuchte
darzulegen, hat die Evolution eine klare Richtung zu
immer höher strukturierten Wesen. Mit steigender
Strukturierung der Energie nahm in diesen Wesen
die Bedeutung der geistigen Komponente im Ver-
hältnis zur energetischen Komponente zu. Die
Evolution war und ist ein Weg zur *Vergeistigung des
Kosmos*. Offensichtlich war und ist diese geistige
Komponente des Kosmos bestrebt, sich zu ent-
wickeln und ihre Bedeutung im Verhältnis zu jener
der energetischen Seite der Materie zu vergrößern.
Anders ist meines Erachtens die beobachtbare
Richtung der Evolution nicht zu erklären.

Tim:

Wenn in der Evolution die Bedeutung der geistigen
Seite des Kosmos im Verhältnis zur Bedeutung der
energetischen Seite sich tendenziell vergrößert, dann
klingt das nach zielstrebiger Entwicklung und nicht
nach Zufall. Letzterem kommt doch in der gängigen

Vorstellung über die Evolution eine zentrale Bedeutung zu. Was ist Ihre Vorstellung in dieser Hinsicht?

Zielursachen

Dr. Fausten:

Die Evolution ist eine geistige Evolution. Im geistigen Bereich gelten aber andere Regeln, als im energetischen Bereich. Erinnern Sie sich: Wir haben festgestellt, dass Geistiges als Antagonist des Energetischen

- *masselos*
- *raumlos*
- *zeitlos*

ist.

Im geistigen Bereich können daher Zeit und Raum überbrückt werden. [a]

Das zeigt sich besonders deutlich im entscheidenden Unterschied zwischen dem geistigen und dem energetischen Bereich: Im energetischen Bereich liegt die Ursache zeitlich stets *vor* dem Ereignis, das sie verursacht. Diese uns geläufige zeitliche Reihenfolge von Ursache und Wirkung entspricht dem *Kausalitätsprinzip.* Nach ihm geht die Ursache der

---

[a] Im Grunde sogar *masselos*, also ohne Hilfe von Energetischem.

Wirkung stets zeitlich voraus. Das Kausalitäts-prinzip gilt selbst in der Relativitätstheorie. Auch nach der Relativitätstheorie gilt: Zuerst kommt der Elfmeterschuss und dann fällt das Tor, nie um-gekehrt. [a]

Im Geistigen dagegen gibt es *Zielursachen*, ja diese sind sogar die Regel. Die geistige Ursache eines Ereignisses ist ein angestrebtes Ziel, das in der Zukunft, also zeitlich *nach* dem Ereignis liegt. Das Ereignis erfolgt *im Hinblick* auf ein geistig an-gestrebtes Ziel. Das Ereignis soll dazu beitragen, das geistig angestrebte Ziel zu erreichen. Dieses Ziel ist die geistige Ursache des Ereignisses, es ist die *Ziel-ursache* des Ereignisses. Eine Zielursache bedeutet somit eine zeitliche Umkehr der Kausalkette: Die geistige Ursache, die Zielursache, liegt zeitlich gesehen *nach* dem Ereignis, das durch sie verursacht wird. Die Zielursache *bewirkt* ein Ereignis, das zur Erreichung des in der Zukunft liegenden Ziels bei-tragen soll. Das bewirkte Ereignis, die *Wirkung* der Zielursache, liegt somit zeitlich vor dem an-gestrebten Ziel, vor seiner Ursache, vor der Ziel-ursache. *Die zeitliche - nicht die logische - Reihen-folge von Ursache und Wirkung sind gegenüber der uns geläufigen Reihenfolge umgedreht.*

---

[a] (BÜHRKE, 2015) S. 26.

Tim:

Das ist für mich völlig neu! Ist das nur eine Theorie, ein philosophischer Ansatz oder kann man das wirklich beobachten?

Dr. Fausten:

Diese Umkehrung der zeitlichen Reihenfolge von Ursache und Wirkung im geistigen Bereich lässt sich durchaus beobachten. Geistige Vorgänge sind in der Regel zielorientiert, sie streben etwas an. Das kann die Erhaltung eines gegebenen Zustandes sein, wenn dieser von außen gefährdet ist, vielfach ist es aber eine Änderung der vorhandenen Situation.

Der Mensch ist ein gutes Beispiel: Er ist in seinem Denken und Handeln weitgehend zukunftsorientiert. Er erhofft sich von der Zukunft etwas, er strebt für sein zukünftiges Leben Verbesserungen an, er hat Ziele, die er erreichen möchte. Unser ganzes Handeln ist weitgehend dadurch bestimmt, dass wir eine bessere oder zumindest gesicherte Zukunft anstreben. Wir alle handeln weitgehend, *um* gewisse Ziele zu erreichen, *um* uns bestimmte Wünsche zu erfüllen. Die ganze Werbebranche lebt davon, unser grundsätzliches Streben nach einer besseren, glücklicheren Zukunft in spezielle wirtschaftliche Kanäle zu lenken.

Aber auch ganz ohne Werbung können sich Max und seine Familie vorstellen, dass in einem eigenen Haus mit Garten das Leben schöner wäre, als in der gegenwärtigen engen Mietwohnung im Hinterhaus einer Großstadtstraße. Das hat dazu geführt, dass sie den ganz festen Wunsch haben, ein solches Haus zu bauen. Max und seine Familie sparen daher, wo immer es geht. Kostspielige Freizeitvergnügungen wurden gestrichen, sie leisten sich keinen Urlaub. Sie verzichten sogar auf manches Notwendige, nur um diesen Wunsch möglichst bald realisieren zu können. Sollte es einmal so weit sein, werden sie jede freie Minute auf der Baustelle verbringen und soviel wie möglich dazu beitragen, dass das Haus rasch fertig wird.

Die Ursachen unseres Handelns sind *Zielursachen*, sie liegen in der näheren oder ferneren Zukunft, beeinflussen aber, ja sie steuern sogar unser jetziges Handeln.

In reduzierter Form kann man Zielursachen auch bei Tieren und sogar bei Pflanzen beobachten. Ein Hund wartet auf seinen Herrn, weil er von ihm Gutes erwartet. Manche Blumen schließen am Abend ihre Blüten, weil sie die Dunkelheit und niedrigeren

Temperaturen der Nacht erwarten. Das sind natürlich durch Erfahrung erworbene oder ererbte Handlungsweisen. Aber die STRUKTUR dieser Wesen mit ihren Ablaufmustern ist ja ein Abbild ihrer Seele, eben des geistigen Konzepts der Wesen.

<u>Tim:</u>

Sie bezeichnen die Seele als das geistige *Konzept* eines Wesens. Konzept, das klingt sehr nach Planung, nach „intelligent design" oder Ähnlichem. Sind Sie denn der Ansicht, dass alle Wesen, vom Atom bis zu jedem konkreten Menschen von irgendjemand geplant sind?

„Intelligent design"

<u>Dr. Fausten:</u>

Was „intelligent design" betrifft, so weiß ich nicht, ob in der oft sehr emotional geführten Debatte alle das Gleiche darunter verstehen. Wenn Sie damit meinen, dass die gesamte Evolution einem detaillierten Plan gefolgt ist, dann halte ich das aus meiner Sicht für nicht vertretbar. In der Naturbeobachtung kann ich keine Basis für eine These finden, wonach jedes Wesen konkret im Voraus geplant sei und nach diesem Plan verwirklicht werde.

Versteht man darunter hingegen, dass die Entwicklung des Kosmos, vom Urknall bis zum

Menschen nicht blindlings erfolgte, sondern *orientiert* war, dann könnte ich mit dieser Bezeichnung leben. Das entspricht der beobachtbaren geistigen Entwicklung des Kosmos. Die Frage ob hierfür irgendjemand - Sie meinen vermutlich Gott - verantwortlich ist, ist meines Erachtens auf naturwissenschaftlicher Basis allein nicht beantwortbar. Jede Antwort auf diese Frage, ob positiv oder negativ, bezieht zwangsläufig weltanschauliche Positionen mit ein. Man muss dabei auch von Gott reden und das überschreitet die Kompetenz der Naturwissenschaft. Meine naturwissenschaftliche Denkweise erfordert es, meine Überlegungen bewusst auf das beschränken, was ich meine, allein aus der Beobachtung der Natur ableiten zu können. Auf dieser Grundlage kann ich die Frage nicht beantworten. Da der Begriff „intelligent design" offensichtlich verschieden verstanden wird, möchte ich ihn nicht verwenden.

Tim:

Was meinen Sie dann mit *Konzept*?

Dr. Fausten:

Ihre Frage war ja berechtigt. Mit meiner Wortwahl ist tatsächlich eine wesentliche Aussage verbunden. Konzept bedeutet in diesem Zusammenhang, dass Wesen *nicht zufällig* (im Sinne eines absoluten

Zufalls) entstehen, sondern die Folge geistiger Vorgänge sind. *Wesen entstehen aufgrund von Zielursachen!* Diese Zielursachen müssen nicht unmittelbar auf das ganz konkret entstehende Wesen ausgerichtet sein. Das Wesen kann auch eine Zwischenstufe, ja selbst das Ergebnis eines Fehlversuches auf dem Weg zum geistig vorgegebenen Ziel sein. Aber alle Wesen sind die Folge geistiger Vorgänge, nicht eines „blinden Zufalls". Diese Auffassung steht, das ist mir bewusst, im Widerspruch zu gängigen Meinungen, ergibt sich aber aus der Erkenntnis, dass die Evolution eine rein geistige Evolution war und ist.

Tim:

Wenn ich Sie richtig verstehe, sind Sie der Ansicht, dass die einzelnen Schritte in der Evolution das Ergebnis von *Zielursachen* sind. Der Zufall spielte Ihrer Ansicht nach keine Rolle in der Evolution?

Zufall

Dr. Fausten:

Zunächst sollte man klären, was man unter „Zufall" versteht. Im allgemeinen Sprachgebrauch versteht man unter Zufall, dass ein Ereignis wohl eine Ursache besitzt, also *determiniert* ist, man diese aber nicht kennt. Das Wort Zufall steht hier als *Platzhalter* für unser nicht vorhandenes, vielleicht gar nicht mögliches Wissen. Der Begriff *Platzhalter* für das verwendete Wort *Zufall* besagt *nicht*, dass es gar keine Ursache gibt. Nein, er lässt sogar offen, dass man prinzipiell dieses fehlende Wissen noch erhalten könnte, man also die *sicher vorhandene* Ursache vielleicht doch noch erkennen könnte. Das ist auch in vielen Fällen möglich.

Die für die Evolution maßgebenden Ereignisse fanden zumeist vor sehr langer Zeit statt und es gab damals selbstverständlich keine direkten Beobachter derselben. Was man kennt, sind die Folgen der Ereignisse, etwa neu entstandene Arten. Weder die dafür verantwortlichen Ereignisse selbst noch die Ursache desselben konnte man konkret beobachten. Man kennt also die Ursachen nicht, ja man kann sie gar nicht wirklich kennen.

Daher kann man solche Ereignisse in der Evolution durchaus als „zufällig", im Sinne des allgemeinen Sprachgebrauches des Wortes Zufall, bezeichnen. Das schließt stillschweigend die Annahme ein, dass diese Ereignisse determiniert waren, also auf Ursachen beruhten.

Anders sieht die Sache in der Quantenphysik aus. Hier geht es um viele gleichartige Ereignisse, die nur statistisch erfasst werden können. Der *Zufallsbegriff der Quantenphysik* unterscheidet sich ganz wesentlich vom üblichen Zufallsbegriff.

Tim:

Das verstehe ich nicht. Können Sie mir das genauer erklären?

Dr. Fausten:

Ich werde es versuchen. Zunächst möchte ich am Beispiel des radioaktiven Zerfalls von Radium zeigen, worum es geht. Die beim Zerfall von Radium austretenden α-Teilchen [a] erzeugen z. B. auf Szintillationsschirmen sichtbare Blitze oder in Nebelkammern Kondensationsspuren. Die so beobachtbaren Einzelereignisse treten völlig regellos auf. Es lässt sich keine Gesetzmäßigkeit erkennen, die Aufschluss über die Ursache des einzelnen Ereignisses geben könnte.

Beobachtet man diesen radioaktiven Zerfall über längere Zeiträume, d. h., über eine entsprechend große Zahl von Einzelereignissen, dann zeigt sich, dass statistisch gesehen sehr wohl eine Gesetzmäßigkeit besteht: Die Zahl der Zerfälle je Zeiteinheit ist proportional der Zahl der noch nicht zer-

---

[a] Das sind den Atomkern verlassende Heliumkerne; der Radiumkern wandelt sich, da er damit zwei Protonen und zwei Neutronen verliert, in einen Kern des Elements Radon um.

fallenen Atomkerne des radioaktiven Materials. Man kann zwar nicht sagen, wann das nächste α-Teilchen kommt, da man die Ursache der Einzelereignisse nicht kennt, wohl aber kann man statistische Aussagen über die Wahrscheinlichkeit des Auftretens machen. Diese *Zufälligkeit* der Einzelereignisse entspricht im Grunde immer noch unserem Zufallsbegriff des allgemeinen Sprachgebrauchs: Wir kennen die Ursache des Ereignisses nicht und können das Einzelereignis daher auch nicht vorhersagen. Es tritt „zufällig" auf. Das Wort Zufall ist auch hier zunächst ein *Platzhalter* für unser nicht vorhandenes Wissen.

Tim:

Und weshalb besteht dennoch ein Unterschied?

Dr. Fausten:

Es ist aus prinzipiellen Gründen nicht möglich, den Platzhalter „Zufall", ähnlich wie im Alltag eines Tages vielleicht durch konkretes Wissen zu ersetzen. Hier unterscheidet sich der quantenphysikalische Zufallsbegriff vom alltäglichen Zufallsbegriff entscheidend. Der Grund ist folgender:

Jede Beobachtung, auch im Alltag, beruht auf einer Wechselwirkung zwischen Beobachter und Beobachtetem. Wenn sie in einem Mikroskop etwas untersuchen, müssen sie das zu untersuchende Objekt beleuchten, sonst sehen sie nichts. Die Lichtstrahlen beeinflussen aber immer das Objekt, sie verändern dieses. Es wird sich z. B. durch die Absorption von Licht ein wenig erwärmen und damit ausdehnen. Eine Messung der Größe des Objekts wird daher einen anderen Wert ergeben, als sie eigentlich bekommen wollten. Solche Fehler kann man durch verschiedene Maßnahmen verringern, völlig vermeiden lassen sie sich nicht. In unserer Alltagswelt, selbst im Mikroskop eines Forschers, ist der Einfluss dieser Wechselwirkung zwischen Beobachter und Beobachtetem meist vernachlässigbar.

Wenn hingegen die beobachteten Objekte sehr, sehr klein, eben im Bereich der Quanten sind, dann ist diese Wechselwirkung von Beobachter und Beobachtetem von sehr großer Bedeutung. HEISENBERG hat bewiesen, dass die dadurch auftretende Unbestimmtheit der messenden Beobachtung eine untere theoretische Grenze besitzt, die durch keine Maßnahme unterschritten werden kann. [a]

Das hat weitreichende Folgen. Es ist danach z. B. unmöglich, Ort und Impuls eines Quants (Teilchens) gleichzeitig exakt zu bestimmen, da die zur Bestimmung des einen Wertes notwendige Messmethode den jeweils anderen Wert unkontrollierbar verändert. Die messende Beobachtung stößt hier auf eine systemimmanente Grenze.

Im makroskopischen Bereich, z. B. bei einem Planeten, können wir, wenn wir Ort und Geschwindigkeit zu einem Zeitpunkt kennen, genau voraussagen, wann dieser wo sein wird. Bei den Elektronen eines Atoms ist das nicht möglich, denn wir können - aufgrund der heisenbergschen Unbestimmtheit - Ort und Geschwindigkeit des Elektrons zu einem bestimmten Zeitpunkt, also gleichzeitig, nicht bestimmen. Wir kennen zu keinem Zeitpunkt beides gleichzeitig. Damit fehlt die Voraussetzung für eine solche Berechnung. Daher lässt

---

[a] Diese Mindest-Unbestimmtheit beträgt $h/2\pi$, wobei h das plancksche Wirkungsquantum ist, (h = 6,6256*10^{-34} [Nms]).

sich die Ursache eines Ereignisses *grund-sätzlich* nicht durch messende Beobachtung bestimmen.

Was, meinen Sie, würde Ernst Mach dazu sagen?

Tim:

Wenn ich Sie richtig verstanden habe, würde er vermutlich sagen: Es ist nicht sachhaltig, nach einer Ursache zu fragen, die nicht beobachtet werden kann. Wenn man sie nicht beobachten kann, dann existiert sie eben nicht. Es gibt keine Ursache. Die Ereignisse sind rein zufällig.

Dr. Fausten:

Sie sagen es! Und nicht nur Sie sagen es, sondern alle Quantenphysiker, ja alle, die von und mit der Quantenphysik leben und arbeiten. Da es unmöglich ist eine Ursache zu beobachten, kann es sie gar nicht geben. Die beobachteten Ereignisse sind *un-determiniert*, sie beruhen auf einem *absoluten* Zufall. [a] Und damit sind wir beim Zufallsbegriff der Quantenphysik.

---

[a] Auch *ontischer* bzw. *objektiver* Zufall genannt.

Dieser Zufallsbegriff ist auch die Voraussetzung dafür, dass man in der Quantenphysik die Verhältnisse statistisch untersuchen kann. Für statistische Überlegungen ist die *Zufälligkeit*, im Sinne der *Nicht-Determiniertheit* des Eintretens einzelner Ereignisse, eine theoretische Voraussetzung für die mathematische Behandlung.

Das Kausalgesetz gilt in der Quantenphysik nur statistisch, nicht aber für das einzelne Ereignis.

Man muss sich daher in der Quantenphysik mit statistischen Wahrscheinlichkeiten begnügen. Aber im Hinblick auf die meist außerordentlich große Zahl von zu beobachtenden Ereignissen erhält man dennoch sehr genaue Aussagen. Auf diesen beruht im Wesentlichen der in den letzten fast hundert Jahren erzielte technische, aber auch medizinische Fortschritt!

Um zu unserem Ausgangspunkt zurückzukommen: Wenn wir von Zufall reden, müssen wir zwischen dem Zufallsbegriff des Alltags [a] und jenem der Quantenphysik unterscheiden. *Man darf den Zu-*

---

[a] Auch als *relativer* oder *epistemischer* Zufallsbegriff bezeichnet. Zu den Begriffen (STRÖHLE, 2012) S. 35f.

fallsbegriff des allgemeinen Sprachgebrauches und den mathematisch-statistischen Zufallsbegriff der Quantenphysik nicht verwechseln oder gar vermischen. Leider geschieht das immer wieder. Auf Einzelereignisse der Evolution, etwa die Entstehung einer neuen Art, darf meines Erachtens der quantenphysikalische Zufallsbegriff nicht angewendet werden. Es handelt sich dabei auch *nicht* um eine sehr große Zahl gleichartiger Einzelereignisse, die nur mit statistischen Methoden untersucht werden können.

Tim:

Ich weiß nicht, ob ich alles, insbesondere was den Zufallsbegriff in der Quantenphysik betrifft, richtig verstanden habe. Habe ich recht mit der Schlussfolgerung, dass im Hinblick auf den Zufallsbegriff der Quantenphysik alles Beobachtbare, also unsere ganze Umwelt und auch wir selbst, eigentlich Zufallsprodukte sind? Wenn nämlich das Verhalten aller Quanten, z. B. der Elektronen in allen Atomen, undeterminiert ist, also vom *absoluten* Zufall gesteuert wird, dann beruht doch überhaupt alles auf diesem absoluten Zufall?!

Dr. Fausten:

Mit dieser Schlussfolgerung sind sie nicht allein. Dennoch teile ich sie nicht!

Erinnern wir uns: Wodurch unterscheidet sich der quantenphysikalische Zufall vom alltäglichen Zufall? In beiden Fällen kennen wir die Ursache des Ereignisses nicht. Daher bezeichnen wir sie als zufällig. Der „Zufall" ist zunächst ein Platzhalter dafür, dass wir die Ursache eines Ereignisses nicht kennen. Bei Zufällen des Alltags gehen wir allerdings davon aus, dass es eine Ursache gibt. Unsere Alltagserfahrung bestätigt uns ja ständig das Kausalgesetz, das *Gesetz von Ursache und Wirkung*. Wir nehmen daher vernünftigerweise an, dass dieses Gesetz auch dann gültig ist, wenn wir die Ursache nicht kennen, wir das Ereignis als zufällig ansehen müssen. Wir halten es unbewusst auch für denkbar, dass wir oder Andere später die Ursache noch erkennen könnten.

In der Quantenphysik wird diese letzte Möglichkeit aufgrund der heisenbergschen Unbestimmtheit ausgeschlossen.

Tim:

Jetzt ahne ich etwas. Aufgrund der heisenbergschen Unbestimmtheit ist es grundsätzlich nicht möglich, die Ursache eines Ereignisses zu bestimmen, weshalb sie nach Ernst Mach gar nicht existiert. Der quantenphysikalische Zufallsbegriff hat seinen Ursprung im neopositivistischen Paradigma! Für neopositivistisch Denkende, und dazu gehören, wie Sie sagten, fast alle Naturwissenschaftler, existiert nicht, was nicht zumindest prinzipiell messend beobachtet werden kann. Letzteres ist durch Heisenberg ausgeschlossen, also muss für die Naturwissenschaftler der Zufall in der Quantenphysik ein absoluter sein. Habe ich recht mit dieser Überlegung?

Dr. Fausten:

Ja, genau das ist auch meine Auffassung. *Das machsche Paradigma ist die Mutter des absoluten Zufalls der Quantenphysik. Der absolute oder „ontische" Zufall ist ein Kind des Neopositivismus.* [a] *Er beruht auf der wissenschaftlichen Selbstbeschränkung dieser Philosophie.* Im geschlossen logischen System dieses Paradigmas muss die quantenphysikalische Arbeit vom absoluten Zufall ausgehen, nur so kann sie in sich widerspruchsfrei sein.

Tim:

Sie haben das Paradigma Machs überwunden und sind dadurch vermutlich zu anderen Schlüssen gekommen.

---

[a] Das gilt für die naturwissenschaftlich orientierte Betrachtungsweise, auf der die vorliegende Arbeit beruht.

Dr. Fausten:

Zunächst eine Korrektur: Das Paradigma Machs habe ich nicht „überwunden". Der naturwissenschaftliche Neopositivismus ist die Basis des ungeheuren Fortschritts, den die Naturwissenschaften in den vergangenen mehr als 100 Jahren erlebt haben. Er kann und soll sicher nicht „überwunden" werden! Ich bin von seiner Nützlichkeit voll überzeugt. Mir geht es nur darum zu prüfen, ob und welche Erkenntnisse auf naturwissenschaftlicher Basis außerhalb der erkenntnistheoretischen Grenzen möglich sind, die durch die radikale Selbstbeschränkung des Neopositivismus im Sinne Machs bestehen.

Tim:

Ich war leider in meiner Wortwahl nicht korrekt.

Dr. Fausten:

Ich bin ihnen aber dafür dankbar, da es mir die Gelegenheit gab, eventuell mögliche Missverständnisse hinsichtlich meiner Denkposition zu vermeiden.

Nun zurück zu unserem Thema. Das Kausalgesetz ist im Grunde ein Gesetz der Logik. Selbst wenn die Ursache im sich Ereignenden selbst zu suchen wäre, gäbe es eine. Jedes Ereignis bedeutet Veränderung des vorhandenen Zustandes. Es ist grundsätzlich logisch nicht möglich, dass Veränderung eines Zustandes ohne jeden, auch nicht inneren Grund des Zustandes selbst, stattfindet.

Daher ist es plausibel davon auszugehen, dass auch die Ereignisse im Quantenbereich eine Ursache besitzen. Darauf weist ja auch der Umstand hin, dass diese Ereignisse, wenn man eine große Zahl beobachtet, sehr wohl eine statistische Gesetzmäßigkeit haben. Hinter den Einzelereignissen herrscht offenbar nicht das absolute Chaos. Wir können die Ursache zwar nicht messend bestimmen. Das hat Heisenberg bewiesen. Sie ist nicht messend bestimmbar, da bei den Messvorgängen stets eine *energetische* Wechselwirkung zwischen Messsystem und Messobjekt stattfindet, die das Messergebnis unkontrollierbar verändert.

Und hier liegt der Schüssel zur Erkenntnis: Die Ursache der Ereignisse im Quantenbereich kann nicht im energetischen Bereich liegen, sie muss im geistigen Bereich gesucht werden! Sie wird in der STRUKTUR des Systems bzw. in den beteiligten Seelen zu finden sein. Damit unterscheiden sich die Ursachen im Quantenbereich nicht wesentlich von den Ursachen aller anderen, auch makroskopischen Veränderungen. Auch hinter diesen liegen ja geistige Ursachen, insbesondere Zielursachen der Seelen.

Erkennt man, dass die Evolution eine rein geistige Evolution war, und wird sich damit der Bedeutung der Zielursachen bewusst, dann hat der Zufall keine grundsätzliche Bedeutung für die Evolution.

Tim:

Sie ersetzen, sachlich gesehen, den *Zufall* durch *Zielursachen*. Ich habe den Eindruck, dass Sie der Ansicht sind, die Evolution habe ein Ziel verfolgt?

Komplexierung - das Grundprinzip der Evolution

Dr. Fausten:

Ob sie ein bestimmtes Ziel verfolgt hat, kann ich nicht sagen. Sicher scheint mir jedoch, dass sie orientiert war, dass sie eine Richtung hatte. Der ganze Kosmos, insbesondere die belebte Natur, ist ungeheuer komplex strukturiert. Unsere heutige Situation ist das Ergebnis der Entwicklung von Milliarden Jahren, ein Vorgang, den man eben Evolution nennt. Offensichtlich konnten, wie schon erwähnt, dabei die höher strukturierten Wesen erst entstehen, wenn die für ihre STRUKTUR notwendigen niedriger strukturierten Wesen vorhanden waren.

Die Evolution hatte eine Richtung, die im Wesentlichen in Richtung immer komplexerer STRUKTUREN gegangen ist. Das ist deutlich beobachtbar! Sie hatte die *Richtung* zu Wesen mit immer größerer Bedeutung der geistigen Seite im Verhältnis zur Bedeutung der energetischen Seite. Sie war offenbar darauf *ausgerichtet*, immer komplexere STRUKTUREN zu bilden. Unter Wesen darf man sich dabei nicht nur Einzelindividuen vorstellen. Man sollte auch übergeordnete Einheiten, etwa Arten und dgl., ja schließlich den Kosmos als Ganzes, in Betracht ziehen.

Alle Wesen versuchten, tendenziell durch Verbindung mit anderen Wesen die Gesamtkomplexität zu vergrößern. Die Schritte dazu waren von Einzelzielursachen geprägt. So ermöglichte die Erhöhung der Komplexität neuen Wesen z. B. die Eroberung neuer Lebensräume.

Diese Entwicklung war sicher keine Einbahnstraße mit einem Anfang und einem einzigen Ende. Die ungeheure Vielfalt der entstandenen Wesen zeigt vielmehr, dass die unterschiedlichsten Versuche zur Erhöhung der Komplexität unternommen wurden. Dabei wurden vielfach Phasen der Entwicklung erreicht, in denen eine weitere Erhöhung der Komplexität nicht mehr sinnvoll möglich war und daher die spezifische Entwicklung zum Stillstand kam.

Das Streben nach höherer Komplexität, nach größerer Bedeutung der geistigen Seite im Verhältnis zur energetischen Seite, *ist das **Grundprinzip** in der Evolution*. Das ist auch zu erwarten: Da die Evolution eine *geistige* Evolution ist, *ging und geht sie in Richtung einer Erhöhung der Geistigkeit des Kosmos.*

Das geistige Streben der Seelen aller Wesen nach höherer Komplexität, dieses Grundprinzip in der Evolution, hatte und hat als *Zielursache* die Bildung eines möglichst komplexen Kosmos. Eines Kosmos, in dem die Bedeutung der geistigen Komponente möglichst groß ist in Relation zur Bedeutung der energetischen Komponente. Dazu bedurfte es vieler Versuche, die durchaus in Übereinstimmung mit den Beobachtungen Darwins im Zusammenhang mit dem Kampf um das Überleben und mit der Anpassung an die Umwelt stattfinden konnten. Dennoch waren die Entwicklungsschritte nicht von blindem „Zufall" *verursacht*, sondern in der großen Linie das Ergebnis des Strebens der Wesen nach komplexerer STRUKTUR. Der angeblich „blinde Zufall" ist nur ein Synonym für unsere Unwissenheit. Die gut beobachtbare Grundtendenz in der Evolution ist die der steigenden Vergeistigung des Kosmos.

Tim:

Sie sagen, dass die Evolution darauf ausgerichtet gewesen sei, immer komplexere STRUKTUREN hervorzubringen. Das Grundprinzip der Evolution bestünde darin, dass Wesen versuchten durch Verbindung mit anderen Wesen die Bedeutung der geistigen Seite des Kosmos im Verhältnis zur Bedeutung der energetischen Seite zu vergrößern. Wie soll das konkret erfolgt sein?

Versuch und Irrtum - das Grundverfahren in der Evolution

Dr. Fausten:

Sir Karl POPPER ist der Überzeugung, dass Lebewesen sich nur deshalb an die Umgebung, und zwar auch an wechselnde Verhältnisse, anpassen und damit überleben konnten, weil sie von Anbeginn an eine Art Minimalerkenntnis hatten. Schon die erste Zelle, ja wohl schon die Vorstadien derselben in der Evolution besaßen nach Popper ein Urwissen, das man vielleicht zutreffender als Urinstinkt bezeichnen könnte. Selbstverständlich darf dieses Urwissen nicht mit dem bewussten Wissen des Menschen verglichen werden. Es gab aber diesen Individuen die Richtung, vor was zu tun sei, um zu überleben. Das ist nach Popper ein Wissen von sehr hohem Allgemeinheitsgrad. Es ist Voraussetzung dafür, dass das Individuum selbst durch *Versuch und Irr-tum* eigene Erfahrungen sammeln und sich so der Umwelt anpassen und damit überleben kann. [a] Ich meine, dass dieses „Urwissen" Poppers in der STRUKTUR der Wesen enthalten ist, ja durch diese bestimmt ist.

Alle Lebewesen sind aktiv, sie tasten, aufbauend auf diesem Urwissen, herum, probieren ständig aus, arbeiten ständig mit der Methode von *Versuch und Irrtum*. Nicht erfolgreiche Versuche, also die Irrtümer, werden ausgeschaltet, worauf ein Versuch in anderer Richtung folgt. Ein leicht beobachtbares Beispiel sind viele Vögel bei der Suche nach Nahrung: Sie picken ein Stück auf, prüfen, ob es als Futter geeignet ist, und je nach Ergebnis dieser Prüfung fressen sie es oder werfen das Stück wieder weg. Danach versuchen sie es mit einem anderen Stück.

*Versuch und Irrtum bilden das **Grundverfahren** in der Evolution*. Ein Wesen versucht im Bestreben sein innerlich vorgegebenes, also in seiner STRUKTUR enthaltenes geistiges Ziel zu verwirk-lichen, einen Weg dazu. Gelingt er, ist es gut. In vielen, wahrscheinlich den meisten Fällen misslingt er. Je nach der Situation besitzt dieses konkrete

---

[a] (POPPER, 1987) S. 29 - 37

Wesen möglicherweise gar keine Chance mehr für einen neuen Versuch. Der Weg zur höheren Geistigkeit ist sicher mit sehr vielen Fehlversuchen und damit verbundenen Zerstörungen von Wesen gepflastert. Unser Kosmos ist ein Kosmos der großen Zahlen. Aus der Sicht von uns ökonomisch denkenden Menschen ist er ein Kosmos der Verschwendung.

Tim:

Meinen Sie tatsächlich, dass alle Wesen versuchen, durch Verbindung mit anderen Wesen die Komplexität zu erhöhen und damit einen Beitrag zur Vergeistigung des Kosmos zu leisten?

Dr. Fausten:

Im Grunde, ja. Allerdings muss ich, um nicht missverstanden zu werden, etwas ausführlicher auf Ihre Frage eingehen. Zunächst bedeutet mein „Ja" keineswegs, dass alle Versuche erfolgreich sind; ganz im Gegenteil. Ich habe schon vorhin darauf hingewiesen, dass wahrscheinlich ein Großteil dieser Versuche nicht zum Erreichen der Zielursache beiträgt.

Arterhaltung - Teil der Komplexierung

Eine bei praktisch allen *Lebewesen* unmittelbar beobachtbare Realisierung dieses Grundprinzips in der Evolution ist das Bemühen um Nachkommenschaft. Das Einzelindividuum, sei es eine Pflanze oder ein Tier, hat keinerlei Nutzen, wenn es dafür sorgt, dass es Nachkommen hat. Im Tierreich steht der sogenannte „Arterhaltungstrieb" sogar oft im Gegensatz zum sonst das Tierreich beherrschenden „Selbsterhaltungstrieb". Tiere verbrauchen einen Großteil ihrer Kräfte und Lebenszeit mit der Aufzucht von Jungen, bis diese sich selbst versorgen können. Diese Jungen helfen aber den Alten später in keiner Weise. Im Gegenteil: Sie werden häufig ihre Konkurrenz, ja sie töten sie eventuell sogar, sofern die Alten ihnen hinderlich und sie den Alten physisch überlegen sind.

Warum also bemühen sich die Tiere dennoch darum, Junge zu bekommen und sie großzuziehen? Es ist das geistige Ziel, durch die Vergrößerung der Zahl der Individuen die Komplexität zu erhöhen! Die Tiere haben durch ihre STRUKTUR, die ein Abbild ihrer Seele ist, das Bestreben sich fortzupflanzen und damit zur Erhöhung der Komplexität übergeordneter Wesen, etwa der Tierart, beizutragen. Der sogenannte „Arterhaltungstrieb" ist ein schönes

Beispiel für das in den Seelen aller Lebewesen vorhandene Bestreben, einen Beitrag zur Erhöhung der Komplexität zu leisten.

Die sexuelle Fortpflanzung ist ein ganz besonders schönes Beispiel für das Prinzip der Erhöhung der Komplexität durch Verbindung mit anderen Wesen: Durch die Verbindung zweier Zellen mit unterschiedlicher Genstruktur entsteht ein neues Wesen, das es zumeist in genau dieser Art zuvor noch nicht gegeben hat. Jedes dieser neuen Wesen, das ja eine neue, spezifische Genstruktur besitzt, kann man als einen Versuch betrachten, die Komplexität des Kosmos durch neue Varianten zu erhöhen. Die sexuelle Fortpflanzung ist somit ein besonders wirkungsvolles Verfahren zur Erhöhung der Komplexität des Kosmos.

Ich meine, man kann das genannte Prinzip tatsächlich bei allen Wesen beobachten, wenn es auch bei den Lebewesen deutlicher beobachtbar ist, als in der unbelebten Natur. Letzteres ist im Hinblick auf die an sich höhere Komplexität der Lebewesen nicht verwunderlich.

Tim:

Ihre Betrachtungsweisen sind recht ungewöhnlich, aber das bedeutet natürlich nicht, dass sie nicht berechtigt sind! Ich versuche zusammenzufassen:

Sie meinen, dass die Zielursache in der Evolution das Erreichen einer möglichst hohen Komplexität des Kosmos sei. Aufgrund dieser Zielursache versuchen alle Wesen die Komplexität durch Verbindung mit anderen Wesen zu vergrößern, sei es die eigene Komplexität, sei es die Komplexität übergeordneter Wesen, deren Bestandteil sie sind. Dieses Prinzip sei u. a. auch die Grundlage des Arterhaltungstriebes. Das Grundverfahren in der Evolution zur Erreichung der Ziele sei das von „Versuch und Irrtum". Aber fanden diese Versuche nicht wieder rein „zufällig" statt?

Kommunikation - der Weg zum Ziel

Dr. Fausten:

Nein! Sehr wichtig war und ist für jeden Versuch die *Kommunikation* zwischen zwei Wesen. Diese Kommunikation zwischen den STRUKTUREN der Wesen - im Grunde zwischen deren Seelen -, ist von zentraler Bedeutung für die Evolution.

Der schon erwähnte Karl POPPER (einer der bedeutendsten Philosophen und Erkenntnistheoretiker des 20. Jahrhunderts) war der Ansicht, dass alle Lebewesen ausschließlich mithilfe der Methode von *Versuch und Irrtum* mit ihrer Umwelt kommunizieren. Sie versuchen damit, ihre Situation zu verbessern. Letzteres sei ganz allgemein zu verstehen. Es reiche von der primitiven Nahrungssuche des Einzellers (der ohne neue Nahrung zugrunde ginge) bis zur Suche der Wissenschaftler nach höherer Erkenntnis der Realität. Nach Popper seien alle Lebewesen aktiv, sie würden dauernd ausprobieren, dauernd mit der Methode von *Versuch und Irrtum* arbeiten. Und das sei die einzige Methode, die sie hätten. Die einzige Methode auch, von der man annehmen könne, dass schon die Urtiere oder Urpflanzen sie gehabt hätten.

Das gelte auch für uns Menschen. Unsere Wahrheitsuche gehe immer folgendermaßen vor sich: Wir „erfänden" - a priori - unsere Theorien, unsere Verallgemeinerungen. Wir hätten es überhaupt nur mit Vermutungen oder Hypothesen, was dasselbe sei, zu tun. Wir hätten dauernd Vermutungen, die von uns geschaffen würden. Diese Vermutungen versuchten wir ständig mit der Wirklichkeit zu konfrontieren, um sodann unsere Vermutungen zu verbessern und sie der Wirklichkeit näher zu bringen. [a]

Die von Einstein im früher zitierten Gespräch mit Heisenberg vertretene Auffassung, dass „erst die Theorie darüber entscheide, was man beobachten kann", zeigt, dass Einstein, unabhängig von Popper,

---

[a] (POPPER, 1987) S. 29 - 37

zu einer ähnlichen Auffassung hinsichtlich der Wahrheitssuche gekommen war.

Ich bin von der Richtigkeit dieser Thesen Poppers überzeugt und halte sie erkenntnistheoretisch für fundamental. Die Kommunikation jedes Wesens mit seiner Außenwelt ist darauf ausgerichtet festzustellen, ob in den von der Außenwelt erhaltenen Informationen *Erkennbares*, also den eigenen *Kenntnissen* des Wesens Entsprechendes, vorhanden ist. Dieses *Erkennen* ist wesentlich für jede Kommunikation. Das gilt für den Einzeller, dessen „Wissen" über die notwendige Nahrung in seiner STRUKTUR enthalten ist, ebenso, wie für den Menschen mit seinem hoch entwickelten Gehirn. Der Einzeller *vermutet*, dass vor ihm etwas Nahrung ist. Er nimmt physischen Kontakt damit auf und prüft, ob die Vermutung stimmt. Er macht einen Versuch. Stimmt die *Vermutung*, inkorporiert er die Nahrung, wenn nicht, war es ein *Irrtum* und er macht woanders einen neuen Versuch.

Tim:

Gut, das mag für den Einzeller gelten, aber doch nicht für uns.

Kommunikation - auf hoher Ebene

Dr. Fausten:

Auch der Mensch *vermutet* etwas in seiner Umwelt und prüft - das heißt, er macht einen *Versuch* - ob die Informationen, die ihm über seine Sinnesorgane aus der Umwelt kommen, diese Vermutung bestätigen oder nicht.

Das gilt für alle Formen der Kommunikation. Beispielsweise für das Sehen: Je nach der Entfernung zu einem zunächst unbekannten Gegenstand kann sich, wenn man sich diesem nähert, die Vermutung, worum es sich handelt, durchaus ändern. Das *Erkennen* des Gegenstandes ist hier ein iterativer Prozess des Vergleichens der optischen Eindrücke mit Bildern bzw. Vorstellungen möglicher Gegenstände, die der Empfänger kennt.

Wir fahren z. B. mit dem Auto und sehen in der Ferne etwas, das der von uns erhoffte Wegweiser sein könnte. Wir *vermuten*, dass es der Wegweiser ist. Diese Vermutung überprüfen wir, indem wir im Näherkommen den „Wegweiser" bewusst beobachten. Nahe genug gekommen müssen wir feststellen, dass es nicht der vermutete Wegweiser ist, den wir gebraucht hätten. Es ist nur die Hinweistafel zu einem Gasthaus.

Unsere Vermutung war ein *Irrtum*, sie wurde durch unseren *Versuch* nicht bestätigt.

Auch in der Hochform der Kommunikation, der menschlichen Sprache, funktioniert diese nur, wenn der Empfänger die verwendeten Begriffe *kennt* und damit die Bedeutung der Information *erkennt*. Missverständnisse oder die Schwierigkeit des Lernens hängen mit der Schwierigkeit zusammen, die über unsere Sinnesorgane kommenden Informationen richtig zu interpretieren.

Wir hören z. B. einem Anderen zu, sei es in einem Gespräch, sei es bei einem Vortrag. Was er sagt, wird uns zunächst als unbearbeitete Nachricht über unser Ohr vermittelt. Nun vergleichen wir das Gehörte mit unserem *Wissen*. Wir erwarten aufgrund des Letzteren eine bestimmte Bedeutung des Gehörten. Wir *vermuten*, dass das Gehörte diese Bedeutung haben könnte.

Wir haben zunächst immer eine Vermutung, was das Gehörte bedeuten könnte. Was wir vermuten, hängt von vielem ab: von der Natur des Gespräches, des Vortrages, aber auch unserer eigenen Verfasstheit, unserer Geschichte, unserer Ausbildung. Wenn wir „keine Ahnung" haben, wovon ein Gespräch, ein Vortrag handelt, können wir die Wörter und Sätze, die an unser Ohr dringen, nicht richtig interpretieren, nicht richtig verstehen.

Ausgehend von unserer Vermutung versuchen wir das Gehörte zu *verstehen*, d. h., wir überprüfen, wir testen, - wir führen einen Versuch durch -, ob unsere Vermutung stimmt. Dabei vergleichen wir ständig die an unser Ohr klingenden Worte und Sätze mit unserem Wissen. Wir verwenden u. a. unser internes „Wörterbuch" und die grammatikalischen Regeln, die wir kennen. Stimmt unsere Vermutung nicht, müssen wir eine neue Vermutung *erfinden* und diese testen. Wir arbeiten nach dem Prinzip von *Versuch und Irrtum*. Im täglichen Leben merken wir das gar nicht, da das sehr schnell, manchmal zu schnell erfolgt. Im letzteren Fall kann es zu einem Missverständnis kommen.

Deutlich wird dieser Prozess, wenn man Informationen in einer fremden Sprache erhält, die man nicht in der Art der Muttersprache beherrscht. Hier kann man diesen Abtastvorgang, dieses Suchen nach der richtigen Interpretation, noch spüren.

Lässt sich mit keiner von uns erfundenen Vermutung das Gehörte erfolgreich interpretieren, kann ein Lernprozess einsetzen. Dieser wird umso schwieriger, je weniger Übereinstimmung zwischen unserem Wissen und den erhaltenen Informationen vorhanden ist.

Alle unsere Sinne sind dazu da, Kommunikation zu ermöglichen. Das gilt natürlich auch für alle anderen Lebewesen, für Tiere und Pflanzen.

Tim:

Kommunikation setzt die Fähigkeit voraus, die Umwelt wahrzunehmen. Die Prüfung der Nahrung kann als primitive Form verstanden werden, beim Menschen ist sie hoch entwickelt. Kommunikation ist daher, wie Sie gerade sagten, auf Lebewesen beschränkt.

Kommunikation - auf niederer Ebene

Dr. Fausten:

Nein, das habe ich nicht gesagt. Kommunikation ist nicht auf Lebewesen beschränkt. Ich meine, dass auch zwischen STRUKTUREN mit geringer Komplexität gewisse Formen der Kommunikation erkennbar sind. Diese transportieren natürlich nur einen geringen bzw. ganz bestimmten Informationsgehalt. So könnte man jede chemische Reaktion auf ein „Kommunikationserlebnis" der Reaktionspartner zurückführen. Unter geeigneten Bedingungen „erfahren" sie wechselseitig, dass etwa der eine Partner Elektronen abgeben, der andere Elektronen aufnehmen möchte. In der Folge bilden sie gemeinsam einen neuen Stoff von in der Regel höherer Komplexität.

Darf ich das am Beispiel der chemischen Reaktion zwischen Wasserstoff und Sauerstoff, der sogenannten Knallgasreaktion, verdeutlichen. Dazu möchte ich auf das zurückgreifen, was ich früher über den Atomaufbau und die Verbindung von Atomen zu Molekülen gesagt habe. [a]

Wasserstoff hat nur ein Proton und daher auch nur ein Elektron. Sauerstoff hat in seiner äußeren (zweiten) Schale, 6 Elektronen. Mit 8 Elektronen wäre diese Schale aufgefüllt und das Sauerstoffion hätte durch die „Edelgaskonfiguration" eine besonders hohe Stabilität.

Kommen zwei Wasserstoffatome und ein Sauerstoffatom unter geeigneten Bedingungen nahe zusammen, so erkennt das Sauerstoffatom, dass Elektronen zur Verfügung stehen könnten. Jedes Wasserstoffatom erkennt, dass das Sauerstoffatom Elektronen aufnehmen könnte. In der Folge geben die Wasserstoffatome ihre Elektronen an das Sauerstoffatom ab. Die Wasserstoffatome haben nun keine Elektronen mehr und wurden zu zwei elektrisch positiven Wasserstoffionen. Das Sauerstoffatom hat

---

[a] Siehe S. 65 f.

die stabile Edelgaskonfiguration erreicht, besitzt aber nun zwei Elektronen mehr als Protonen, wodurch es zu einem elektrisch negativen Sauerstoffion wurde. Die Wasserstoffionen werden durch die entstandenen elektrostatischen Kräfte mit dem Sauerstoffion zusammengefügt. Die drei Ionen bilden gemeinsam ein Wassermolekül, also ein neues Wesen. Das ist ein typischer „Verbrennungsvorgang". Dabei wird viel Energie von den drei Atomen, in der Regel in Form von Wärme, im Falle der Brennstoffzelle auch als elektrische Energie, nach außen abgegeben. [a]

---

[a] Ergänzend muss erwähnt werden, dass sowohl Wasserstoff als auch Sauerstoff unter normalen Bedingungen als Doppelatome, also in molekularer Form auftreten. Damit die geschilderte Reaktion stattfinden kann, müssen diese Moleküle zunächst in die beiden sie bildenden Einzelatome aufgespalten werden, wozu Energie notwendig ist. Daher muss in einem Gemisch aus Wasserstoffgas und Sauerstoffgas anfangs lokal etwas Energie z. B. in Form eines Zündfunkens, zugeführt werden, damit zunächst eine Auftrennung der Moleküle in die Einzelatome erfolgen und anschließend die Wasserstoff/Sauerstoff-Reaktion eintreten kann. In der Folge tritt eine Kettenreaktion - die natürlich nichts mit der Kettenreaktion im Kernreaktor oder in Atombomben zu tun hat - ein, d. h., es werden laufend durch die bei der Reaktion freiwerdende Wärme die molekularen Formen von Wasserstoff und Sauerstoff in atomare übergeführt und die Verbrennung kann sehr schnell, zumeist explosionsartig mit lautem Knall, stattfinden und das Gasgemisch in Wasser umwandeln.

Es ist zwar ungewöhnlich, aber meines Erachtens zulässig, diese chemische Reaktion als Folge der Kommunikation zwischen den beiden Atomen zu betrachten. Offenkundig müssen die Atome vor der eigentlichen Reaktion eine Information darüber haben, welche Verhältnisse in der Elektronenhülle des jeweils anderen Atoms vorliegen. Dass dabei elektrische Felder als Informationsträger eine Rolle spielen, ändert nichts daran, dass es sich um Kommunikationsvorgänge, also um geistige Vorgänge, handelt.

Wenn man über biochemische Vorgänge, z. B. die „Arbeitsweise" von Antikörpern spricht, dann ist eine solche Betrachtungsweise nicht ungewöhnlich. Dort spricht man durchaus vom „Erkennen" des Feindes, des fremden Eiweißes etc., obgleich es sich dabei auch um chemische Vorgänge handelt. In allen diesen Fällen *erkennen* STRUKTUREN für sie Wesentliches an anderen STRUKTUREN. Man kann daher sagen, dass auch auf diesem niedrigen Niveau der chemischen Reaktionen die STRUKTUREN der Wesen miteinander kommunizieren. Die STRUKTUREN sind aber etwas rein Geistiges. Sie sind Abbilder der Seelen, der geistigen Zentren der Wesen. Im Letzten kommunizieren also diese geistigen Zentren der Wesen, die Seelen, miteinander. Selbstverständlich findet diese Kommunikation, wie schon erwähnt, unter Verwendung physikalischer Informationsträger, etwa elektrischer Felder statt. Jede Kommunikation bedarf in der Regel Informationsträger. Das Wesentliche ist aber in der Kommunikation nicht der Informationsträger, so wichtig er auch ist, sondern die Information selbst, die eben etwas rein Geistiges ist.

Tim:

Ihrer Ansicht nach spielt bei allen materiellen Veränderungen die Kommunikation eine wesentliche Rolle. Verstehe ich Sie richtig?

Kommunikation - zielgerichtet

Dr. Fausten:

Ja, alle materiellen Veränderungen, so auch die ganze Evolution, beruhen auf Kommunikationsvorgängen, also auf geistigen Prozessen. Denn jede Kommunikation, nicht nur die zwischen Menschen, ist eine zwischen den STRUKTUREN der Wesen. Ständig finden unvorstellbar viele Kommunikationsprozesse statt. Unser Kosmos ist von geistigen Vorgängen durchdrungen. Die geistige Seite alles Materiellen beherrscht den Kosmos. Diese geistigen Vorgänge im Kosmos fanden und finden nicht chaotisch statt. Vielmehr wird jede einzelne Kommunikation von der STRUKTUR der beteiligten Wesen so beeinflusst, ja gesteuert, dass sie dem angestrebten Ziel möglichst dienlich ist.

Darf ich, um diesen letzten Gedanken deutlicher zu machen, wieder auf unseren „Max" zurückgreifen. [a] Max möchte gerne für sich und seine Familie ein Eigenheim bauen. Wir wissen schon, dass er seit Langem gespart und auf Vieles verzichtet hat, um diesen Wunsch zu verwirklichen. Jetzt ist die Realisierung in greifbare Nähe gerückt. Max versucht nun sich zu informieren und besucht z. B. eine Baumesse. Aus den vielen Informationen, die dort zur Verfügung stehen, wählt er nur solche aus, die für die Verwirklichung seines Zieles nützlich sein können. Er wird sich *zielorientiert* informieren, sich für alles „interessieren", was für die Erfüllung seines Wunsches, für das Erreichen seines Zieles nützlich sein kann. Dazu nimmt er eventuell Kontakt mit Banken, Grundstückmaklern, Baufirmen, usw. auf. Letztlich weiß er dann, wo er den notwendigen Baukredit unter für ihn geeigneten Bedingungen bekommen kann. Er hat mehrere Baugrund-

---

[a] Siehe S.131

stücke zur Auswahl und vielleicht sogar schon Angebote von Baufirmen in der Hand. Das geistige Zentrum des Menschen, im konkreten Fall von Max, hat, um das angestrebte Ziel zu erreichen, die Kommunikationen so gesteuert, dass die zur Erreichung des Zieles notwendigen Vorgänge stattfinden konnten.

Ich bin der Ansicht, dass zahllose analoge geistige Vorgänge im Laufe von Milliarden Jahren den Kosmos in seiner uns sich heute zeigenden Komplexität gebildet haben.

Tim:

Das von Ihnen gezeichnete Bild der Evolution unterscheidet sich von dem mir bisher bekannten fundamental. Der von Ihnen angenommene geistige Hintergrund jedes Wesens, den Sie als Seele bezeichnen, spielt in Ihrem Modell der Evolution eine zentrale Rolle.

Ihrer Ansicht nach hat selbst der Kosmos eine Seele. Könnten Sie diese Auffassung näher erläutern?

Die Seele des Kosmos

Dr. Fausten:

Wie ich schon sagte, ist der Begriff des Wesens auf jede materielle Einheit anwendbar. Da hinter der STRUKTUR dieser Einheit ein geistiges Konzept steht, besitzt dieses Wesen auch eine Seele. Der Kosmos ist hoch strukturiert und besitzt daher eine Seele, die auch auf diesen wirkt. Diese Auffassung mag zunächst etwas ungewöhnlich erscheinen, sie ist aber gar nicht so neu. Man hat bisher diese geistige Seite, diese Seele des Kosmos, etwas verschämt durch eine Personalisierung von Begriffen umschrieben: Man sprach von „der Natur", die sich zu helfen wisse, oder von „der Evolution", die das oder jenes Sinnvolle hervorgebracht habe. Man hat somit *der Natur* oder *der Evolution* eigenständiges Handeln zugetraut, ja zugeschrieben. Man hat diese verbal mit Vernunft und Macht ausgestattet, ohne aber Rechenschaft abzulegen, ob und weshalb man das tun darf. Im Grunde ist das nur zulässig, wenn man davon ausgeht, dass in der Natur, in der Evolution geistige Komponenten wirksam sind.

Hat man diese Tatsache erkannt, wird vieles verständlicher. So kann man die tastenden Versuche der einzelnen Wesen zur Erhöhung der Komplexität eingebettet sehen in das Wirken der übergeordneten Wesen mit ihren STRUKTUREN, bis hin zum ganzen Kosmos. Sie alle streben ja das gleiche Ziel an, nämlich Vergrößerung der Bedeutung der geistigen Seite gegenüber der energetischen Seite.

So wie jedes Lebewesen aus seinem Urwissen im Sinne Poppers bestrebt ist, durch *Versuch und Irr-*

tum seine Situation zu verbessern, also das Ziel in sich trägt, eine positive Entwicklung seiner Situation herbeizuführen, so darf man das wohl auch für das ganze Universum und Teile desselben annehmen.

Tim:

Bedeutet das aber nicht doch, dass die Evolution ein konkretes Ziel besaß?

Die Richtung der Evolution

Dr. Fausten:

Beobachtbar ist, wie ich schon sagte, *die Richtung* in der Evolution: Erhöhung der Komplexität der Wesen einschließlich des ganzen Kosmos. Als generelle Zielursache - sie entspricht vermutlich dem von Ihnen gesuchten Ziel - kann man daher eine *möglichst hohe Komplexität des Kosmos* vermuten. Etwas philosophischer formuliert heißt das von Ihnen gesuchte Ziel der Evolution: *Vergeistigung des Kosmos.*

Wenn man die Evolution des Kosmos als Ganzes betrachtet, ist diese generelle Zielursache - Erhöhung der Komplexität - dominant. Welche Vorgänge im Einzelnen stattfanden, ist dabei von untergeordneter Bedeutung. Im Einzelnen waren die Zielursachen im belebten Bereich eine angestrebte Verbesserung der Lebensumstände, der Kampf um das Überleben und dgl.

Dazu ein Vergleich mit einer Alltagserfahrung:
Betrachten Sie die Strömung in einem Fluss: Lokal strömt das Wasser in alle möglichen Richtungen, es wirbelt um Steine, geht in Wellen auf und nieder. Sie werden, wenn Sie die Bewegung des Wassers *kleinräumig* betrachten, keine bevorzugte Richtung beobachten können. Es handelt sich dabei um eine sogenannte „turbulente Strömung" - die Wassermoleküle bewegen sich wild und ohne Vorzugsrichtung im Raum.

Betrachten Sie die Wasserbewegung von einer höheren Warte, verfolgen Sie das Wasser also *großräumig*, dann können Sie sehen, wie es klar seinem Ziel, dem Meer, zustrebt. Die vielen scheinbar ziellosen lokalen Strömungsvorgänge sind eingebettet in eine größere Strömung, sind ein Teil derselben.

Tim:

Das Bild gefällt mir gut. Aber könnten Sie etwas genauer beschreiben, wie diese Entwicklung erfolgt sein soll?

Dr. Fausten:

Eine Erhöhung der Komplexität des Kosmos konnte durch die Entwicklung in zwei Richtungen erreicht werden: einerseits durch eine *Entwicklung in die Breite* und andererseits durch eine *Entwicklung in die Tiefe*.

Die Entwicklung der Komplexität des Kosmos in Richtung Breite führte zu einer unüberblickbaren *Vielfalt* und *Vielzahl* der Wesen, die diesen Kosmos bilden. Betrachten Sie nur die unvorstellbare Zahl der Sternsysteme und die äußerst vielfältige Pflanzen- und Tierwelt.

Es ist aber in der Evolution auch eine Entwicklung der Komplexität in die Tiefe beobachtbar, nämlich durch Hervorbringen von Einzelwesen immer höherer Komplexität. Das ist in der Entwicklungsrichtung erkennbar: von der unbelebten zur belebten Natur und in dieser weiter von den Einzellern über viele, immer komplexere Wesen bis hin zum Menschen.

Tim:

Die Evolution hat Ihrer Meinung nach offenbar tatsächlich ein Ziel: einen möglichst komplexen Kosmos! Das sei die letzte, generelle Zielursache in der Evolution. Sind die einzelnen Zielursachen nun von dieser letzten Zielursache abhängig, also von ihr determiniert? Entstehen sie aus sich selbst? Beruhen sie auf einzelnen, absoluten Zufällen?

Dr. Fausten:

Sie sprechen mit dieser Frage indirekt ein grundsätzliches, erkenntnistheoretisches Problem an. In der Naturwissenschaft versucht man ein komplexes

Problem zumeist dadurch zu lösen, dass man es in Einzelteile zerlegt, die überblickbar und mathematisch-logisch erfassbar sind. Nach Lösung dieser Einzelfragen betrachtet man das Gesamtproblem als „im Prinzip" verstanden und gelöst. Es sei nur aufgrund der großen Zahl von Einzelproblemen - die aber eben „im Prinzip" alle lösbar seien - nicht als Ganzes mathematisch-logisch voll lösbar. Die komplette Lösung sei im Grunde eine Frage der Leistungsfähigkeit der Rechner und Messeinrichtungen. Damit könne sie als eine Aufgabe der zukünftigen technisch-wissenschaftlichen Entwicklung angesehen werden.

Ein Beispiel ist die Wettervorhersage. Man kennt „im Prinzip" sehr gut die Mechanismen, die für das Wetter verantwortlich sind. Tatsächlich gelingt es durch Verfeinerung des Messstellennetzes und Vergrößerung der Rechnerkapazitäten, immer präzisere, längerfristige und auch kleinräumige Prognosen zu erstellen. Das Problem „Wettervorhersage" ist „im Prinzip" gelöst, aber es ist eben nicht wirklich gelöst und auch gar nicht vollständig lösbar. Die Vorhersagemodelle müssen - wie alle Modelle in der Naturwissenschaft - grundsätzlich Annahmen, insbesondere Vereinfachungen machen, um die tatsächliche Vielfalt in der Realität auf ein mathematisch-logisches Niveau zu reduzieren.

Statistische Methoden können dabei einen Beitrag zur „prinzipiellen" Lösung komplexer Probleme leisten. Das dargelegte Prinzip bewährt sich durchaus. Es bewährt sich so gut, dass man meinen kann, damit tatsächlich das Gesamtproblem wirklich voll gelöst zu haben.

Tim:

Das ist interessant. Aber ich sehe keinen Zusammenhang mit meiner Frage.

Dr. Fausten:

Es ist aber der Schlüssel zur Antwort auf Ihre Frage, die doch bedeutet: Gibt es Geistiges, das nicht determiniert ist? Gibt es im Geistigen eine echte Kreativität, also die Erfindung von Neuem, das sich nicht zwingend aus Vorhandenem ergibt?

Alles Geistige, auch alles geistig Neue, basiert auf dem vorhandenen Geistigen. Nur auf dessen Basis ist die Entstehung von Neuem vorstellbar. Die Entwicklung von geistig Neuem kann daher vermutlich als Prozess der Komplexierung, ausgehend vom bestehenden Geistigen, betrachtet werden. Komplexierung entsteht durch Verknüpfung, also Kombination und Reduktion, von Vorhandenem.

Ihre Frage bedeutet daher auch, ob Komplexierung undeterminiert möglich ist.

Meine Vermutung ist: ja! Aber ich meine auch, dass es grundsätzlich unmöglich ist, die Frage wissenschaftlich exakt mit Ja oder Nein zu beantworten.

Je komplexer die STRUKTUR eines Wesens ist, desto größer sind die Möglichkeiten, die es hat, um eine Aufgabe zu lösen. Die Knallgasreaktion beruht auf einem sehr kurzen, direkten Prozess. Das Ziel der Atome - eine Edelgaskonfiguration zu bekommen - kann nur erreicht werden, wenn sich geeignete Partner in der Nähe befinden. Das Wesen Atom kann keine „Strategien" entwickeln, um sein Ziel zu erreichen.

Tiere haben schon viel größere Möglichkeiten. Vögel können mithilfe ihrer Augen und ihrer Flugfähigkeit suchen, wo Futterähnliches zu finden ist. Dann picken sie einzelne vor ihnen liegende Körnchen auf, „kosten" diese und, je nach Ergebnis dieses Tests, werden sie gefressen oder fallen gelassen. Der Prozess zur Problemlösung - den Hunger mit geeignetem Futter zu stillen - ist vielseitiger und komplexer. Es bestehen größere Möglichkeiten.

Der Mensch hat wiederum weitaus größere Möglichkeiten. Die komplexe STRUKTUR seines Gehirns ermöglicht es ihm, komplizierte Zusammenhänge zu erfassen und zu durchschauen. Vermutlich können dadurch geistige Konstrukte entstehen, die neu sind, also noch nicht anderswo in der Evolution entstanden sind.

Mit steigender Komplexität der Wesen steigt ihre Problemlösungsfähigkeit. Und mit den daraus folgenden Problemlösungen steigen die Möglichkeiten zur Erhöhung der Komplexität des Wesens selbst. Es besteht, regeltechnisch gesprochen, eine positive Rückkopplung.

Die geistige Komplexität der Menschheit ist nicht nur die Summe der Einzelkomplexitäten der Milliarden Menschen. Sie ist durch die Vernetzung - dazu tragen die modernen Kommunikationsmittel sehr viel bei - weitaus größer. Bedenken Sie nur, dass die laufenden Gedanken sämtlicher Menschen zusammenwirken können und es in gewissem Sinne auch tun. Die Menschheit ist wieder nur ein Teil von dem, was alles im Kosmos geschieht. Die Vielfältigkeit des Kosmos und damit seine Komplexität ist unvorstellbar groß.

Tim:

Das übersteigt tatsächlich mein Vorstellungsvermögen! Könnten Sie vielleicht zur Antwort auf meine Frage kommen?

Dr. Fausten:

Kann im Geistigen, das eben diese hohe Komplexität besitzt, durch Kommunikation wirklich Neues, nicht Determiniertes entstehen? Das war ja Ihre Frage. Nochmals: Ich vermute: ja! Aber das ist eine Vermutung. Diese Vermutung lässt sich aber weder beweisen noch widerlegen. Hier versagt nämlich prinzipiell unser naturwissenschaftliches Forschungsverfahren. Denn es sind nicht die Einzelvorgänge, die das Wesentliche des Problems darstellen. Diese könnte man vermutlich nachvollziehen und verstehen. Nein, gerade die Vielfältigkeit selbst, die große Zahl, stellt das Wesentliche des Problems dar! In dieser Vielfalt, in den unerfassbar vielen Wechselwirkungen, liegt die eventuelle Antwort verborgen. Zur Beantwortung der Frage müsste man gerade diese unüberblickbar große Vielfalt an sich detailliert untersuchen können. Das ist aber nicht möglich.

Das von Ihnen angesprochene Problem kann nicht in der üblichen Form behandelt werden. Ein Verständnis der Verhältnisse „im Prinzip" wird der eigentlichen Frage überhaupt nicht gerecht. Das Problem, das Ihrer Frage zugrunde liegt, ist daher prinzipiell unlösbar. Ihre Frage lässt sich grundsätzlich nicht exakt mit Ja oder Nein beantworten.

Ich meine aber, es spricht vieles für meine Vermutung, dass im Geistigen die Schaffung von vollkommen Neuem wirklich möglich ist. Vieles vom Menschen Geschaffene ist wirklich neu und nicht eine zwangsläufige Konsequenz von Vorhandenem. [a] Dieses geistig Neue beruht auf Kommunikation, also nicht auf Zufall.

Mit dem Menschen ist tatsächlich ein besonders aktiver Teil in der Evolution des Kosmos entstanden. Er ist wie kein anderes Wesen aufgrund seiner geistigen Fähigkeiten geeignet, komplexe Wesen zu schaffen und damit zur Erhöhung der Komplexität des Kosmos beizutragen.

Tim:

Hat der Mensch besondere Eigenschaften, die ihn gewissermaßen als „Spitzenprodukt" der bisherigen Evolution auszeichnen?

Das Besondere des Menschen

Dr. Fausten:

Der Mensch hat als einziges bekanntes Wesen, aufgrund seines hochkomplexen Gehirns, die Fähigkeit der Reflexion, also des *Nachdenkens*. Nur er hat *Bewusstsein,* [b] *nur er weiß, dass er denkt.*

Er hat als einziges Wesen die Fähigkeit, verschiedene Wege, die zu einem angestrebten Ziel führen könnten, geistig auszuprobieren. Er kann verschiedene Möglichkeiten bewusst erwägen,

---

[a] z. B. die Erfindung des Rades mit Lager.
[b] Im üblichen Sinn: (DIGEL, et al., 1981), Bd.3, S. 213.

177

Szenarien entwerfen, unterschiedliche Strategien zur Erreichung eines Zieles bewusst durchdenken. Er kann schließlich aufgrund des Ergebnisses seiner Überlegungen einen optimalen Weg zu seinem angestrebten Ziel auswählen und danach handeln.

Er muss also nicht, wie alle anderen Wesen, versuchen, sein Ziel physisch durch *Versuch und Irrtum* mit den damit verbundenen Risiken zu erreichen. Er kann die *Versuche und Irrtümer* gefahrlos und wohl auch viel schneller geistig im Gehirn ablaufen lassen. Das mag uns so selbstverständlich erscheinen, dass wir diesen entscheidenden Unterschied zum Tierreich gar nicht als etwas Besonderes empfinden. Und doch hat gerade diese Fähigkeit wesentlich dazu beigetragen, dass der Mensch allen anderen Wesen überlegen ist. Vielleicht sollte ich das auch an einem einfachen Beispiel verdeutlichen.

Ein Vogel will ein Nest bauen. Er sucht sich eine Astgabelung aus, baut das Nest und brütet. Bei einem starken Windstoß bricht der Ast ab und das Nest fällt zu Boden. Der arme Vogel versucht es auf einem anderen Baum. Es ist ein gelehriger Vogel, der aus dem Missgeschick gelernt hat, weshalb er diesmal eine Astgabelung wählt, die näher zum Stamm und damit stärker ist. Er baut wieder ein Nest und brütet. Jetzt hat er Erfolg, die Küken schlüpfen. Er ist in der nächsten Zeit voll damit beschäftigt, Futter zu beschaffen. Doch nun ist das Nest auf einem so starken Ast, dass die Jungen eine leichte Beute für eine Katze sind. Es werden immer weniger Küken und schließlich muss das Tier zur Kenntnis nehmen, dass es keine Jungen mehr hat. Für einen neuerlichen Nestbau ist es bereits zu spät. Der Versuch dieses Vogels Nachkommen zu bekommen, ist an der Wahl des Ortes für den Nestbau gescheitert.

Vergleichen wir das mit der Art, wie unser „Max" das Problem behandelt.

Max möchte zunächst das billigste der angebotenen Baugrundstücke kaufen und dort bauen. Vorsichtshalber fragt er einen Sachverständigen und erfährt, dass es sich um Rutschterrain handelt. Er müsse also damit rechnen, dass das Haus später Risse bekommen kann, ja eventuell sogar unbenutzbar werden könnte. Er verwirft daher dieses Angebot und wendet sich dem nächstteureren Angebot zu. Ein Lokalaugenschein lässt ihn befürchten, dass auf einem nahe gelegenen anderen Grundstück vielleicht ein Gewerbebetrieb oder dgl. errichtet werden könnte. Er zieht Erkundigungen ein. Tatsächlich soll bereits im kommenden Jahr dort eine Müllverarbeitungsanlage samt Zwischenlager gebaut werden. Das würde nicht nur viel Lärm verursachen, sondern auch eine ständige Geruchsbelästigung für ihn und seine Familie bedeuten. Schließlich findet er einen Bauplatz, der zwar teurer, aber für den Bau geeignet ist.

Max hat für die Auswahl des Bauplatzes mehrere Möglichkeiten überlegt, hat mithilfe seines eigenen Wissens und dem anderer Personen Vorteile und Nachteile verschiedener Bauplätze abgewogen. Schließlich hat er eine Entscheidung getroffen, *bevor* er mit dem Bau begonnen hat. Hätte er das nicht getan, sondern hätte sofort am scheinbar günstigsten, weil billigsten Grundstück zu bauen begonnen, wäre es ihm ähnlich wie unserem armen Vögelchen ergangen: Das Haus wäre nach einiger Zeit unbrauchbar geworden. Er hätte, so er dazu überhaupt in der Lage gewesen wäre, nochmals an anderer Stelle bauen müssen. Am zweiten Bauplatz wäre ihm das Leben recht erschwert worden. Seine menschliche Fähigkeit, verschiedene Wege, die zu seinem angestrebten Ziel führen könnten, *geistig* nach dem Verfahren von *Versuch und Irrtum* auszuprobieren, verschiedene Möglichkeiten bewusst zu erwägen, ermöglichte ihm die Erreichung seines Zieles. Unser Vögelchen musste die *Versuche* physisch machen und die dabei auftretenden *Irrtümer* ließen es scheitern.

Tim:

Die Fähigkeit, sich einem angestrebten Ziel in geistigen Versuchen zu nähern und damit das Risiko der physischen Versuche zu vermeiden, scheint wirklich dem Menschen vorbehalten zu sein. Damit wird auch seine Überlegenheit gegenüber der Tierwelt verständlich. Das muss sich doch irgendwie in der Evolution insgesamt auswirken, oder?

Dr. Fausten:

Ja, diese Fähigkeit macht den Menschen zu einem besonders leistungsfähigen, aktiven Teil der Evolution. Er hat sowohl als Einzelner, insbesondere aber als Gemeinschaft, außerordentlich große Möglichkeiten, Neues zu schaffen. Er kann damit den evolutionären Prozess fortführen, ja beschleunigen. Man kann das durchaus im Sinne der Evolution als ganz wesentliche Aufgabe des Menschen, auch jedes Einzelnen, betrachten.

Die Freiheit des Willens

Die Möglichkeit der Reflexion, des *bewussten Nachdenkens*, schließt darüber hinaus auch eine spezifisch menschliche Eigenschaft ein: *Der Mensch besitzt eine geistige Freiheit, d. h., er kann aus verschiedenen Möglichkeiten frei auswählen.*

Diese Freiheit wird zwar von manchen Wissenschaftlern bestritten, von anderen als erwiesen angesehen.

Diese Freiheit ist die Voraussetzung für die volle Nutzung der Möglichkeiten der Reflexion! Daher bin ich der Überzeugung, dass es sie gibt, ja geben muss. Man kann sie als zwingend notwendigen Teil der Reflexion betrachten.

Tim:

Wie lässt sich diese Freiheit des Menschen mit der Auffassung vieler Wissenschaftler in Einklang bringen, wonach der Mensch wie jedes Tier nur seinen Trieben folgt und etwa die Maximierung des Lustgewinnes die zentrale Triebkraft seines Handelns sei?

Dr. Fausten:

Gar nicht! Selbstverständlich spielen die Triebe eine wesentliche Rolle im Leben des Menschen. Sie sind unverzichtbar für das Überleben. Aber die grundsätzlich vorhandene Freiheit, die der Mensch aufgrund seiner Fähigkeit der Reflexion besitzt, unterscheidet eben den Menschen, trotz seiner Wurzeln im Tierreich, ganz *wesentlich*, also *sein Wesen kennzeichnend*, von allen anderen Wesen!

Es ist richtig, dass wir Menschen täglich viele, vielleicht sogar den größten Teil aller Entscheidungen treffen, ohne unseren freien Willen zu nutzen. Dennoch besteht ein großer Unterschied.

Auch Tiere müssen ständig Entscheidungen treffen. Diese werden grundsätzlich von den Trieben gesteuert und sind nicht die Folge einer freien Willensentscheidung, auch wenn es manchmal so scheinen mag. Ein Beispiel kann man beim Angeln beobachten: Ein Fisch sieht den Köder und schwimmt auf ihn zu. Nahe gekommen stoppt er. Er wartet dann oft lange, ehe er zubeißt oder abdreht. Das könnte den Eindruck erwecken, dass der Fisch nachdenkt und dann frei entscheidet. In Wirklichkeit findet in ihm ein Kampf zwischen zwei Mechanismen statt, die in seiner STRUKTUR programmiert sind: Der Fresstrieb leitet ihn an zuzubeißen, der Angsttrieb hemmt ihn, das zu tun. Jede Veränderung, sagt ihm sein inneres Programm, ist mit Gefahren verbunden. Ist die Veränderung - das Auftauchen des Köders - weit genug weg, scheint jedoch die Gefahr gering und der Fresstrieb ist stärker als die Angst. Daher schwimmt er darauf zu.

In der Nähe, wenn das Bild des Köders groß wird, steigt die Angst und er stoppt. Mit der Zeit sinkt die Gefahrenwarnung, wenn sich die Situation nicht ändert. Das kann dazu führen, dass die Fresslust die Oberhand über die Angst bekommt und der Fisch zubeißt. Oder die Angst siegt und er dreht ab.

Wenn der Mensch auch viele Entscheidungen ähnlich wie die Tiere trifft, so muss er dennoch nicht zwingend den Trieben folgen wie das Tier.

Tim:

Können Sie für Ihre Ansicht, dass der Mensch gegen seine Triebe entscheiden kann, auch Beispiele nennen, die jedermann beobachten kann?

Dr. Fausten:

Während der Egoismus im Tierreich von zentraler Bedeutung ist, kann er vom Menschen zumindest partiell durch freie Entscheidung überwunden werden. Der Mensch kann als einziges Wesen seine persönlichen Interessen hinter das Wohl Anderer zurückstellen.

Diese Auffassung beruht durchaus auf Beobachtung: Ich denke dabei nicht nur an herausragende menschliche Gestalten, wie Mutter Theresa von Kalkutta, Albert Schweizer oder Maximilian Kolbe - letzterer ging freiwillig anstelle eines anderen KZ-Insassen in die Todeskammer. Ich denke an die Zehntausenden ehrenamtlichen Helfer in Hilfsorganisationen, wie freiwillige Feuerwehr oder „Rotes Kreuz", die vielfach ihr eigenes Leben aufs Spiel setzen, um uneigennützig Mitmenschen zu helfen! Sie könnten einwenden, die Freundschaft mit Gleichgesinnten, die Kameradschaftlichkeit in solchen Organisationen, die Suche nach einer Freizeitbeschäftigung, seien Gründe für das Engagement. Das soll als Teilmotiv gar nicht geleugnet werden. Aber das allein kann es nicht sein, denn dazu könnte man sich auch in anderen Vereinen, Sportklubs usw. betätigen, die weniger Risiko und persönliche Opfer erfordern. Man würde diesen vielen Helfern großes Unrecht tun, würde man ihre Bereitschaft zu helfen auf solche Motive reduzieren. Das zentrale Motiv ist sicher der Wille anderen zu helfen, sich für das Wohl anderer *uneigennützig* einzusetzen. Das Handeln dieser freiwilligen Helfer, die also aus freier Entscheidung diese Aufgaben übernehmen, ist etwas grundsätzlich anderes, als die Fürsorge von Eltern, insbesondere der Mütter, im Tierreich. Letztere sorgen zwar für ihre Jungen, bis diese sich selbst versorgen können, und verteidigen sie gegen äußere Gefahren, teils ohne Rücksicht auf die eigene Gefahr. Aber sie verstoßen sofort ein Junges, wenn es z. B. sehr schwach ist und seine Aufzucht die Aufzucht der Geschwister gefährdet bzw. die

Kapazität der Mutter überfordert. Die Fürsorge für die Jungen im Tierreich hat mit der Selbstlosigkeit von Menschen nichts zu tun. Die Fähigkeit des Menschen, freie Entscheidungen zu treffen, also nicht zwingend von Trieben geführt zu werden, unterscheidet ihn, wie ich schon sagte, wesentlich, also sein Wesen kennzeichnend, von der Tierwelt.

Der Mensch - aktiver Teil der Evolution

Tim:

Sie sagten, der Mensch sei ein aktiver Teil in der Evolution. Was bedeutet das?

Dr. Fausten:

Ich meine, dass die Evolution ein dauernder Prozess ist, und sehe keinen Grund, weshalb dieser nun zum Stillstand gekommen sein soll. Wenn der Mensch das bisherige „Spitzenprodukt" in dieser Entwicklung ist, wie Sie es nannten, dann liegt es doch nahe anzunehmen, dass die weitere Entwicklung auf ihm aufbaut. Zunächst, das habe ich ja schon gesagt, besitzt der Mensch wie kein anderes Wesen die Fähigkeit, neue komplexe Wesen zu schaffen. Denken Sie nur an die Fülle von Forschungsergebnissen und die unzähligen Erfindungen, die die Basis für die Errungenschaften der Technik und Medizin sind. Alle schöpferischen Tätigkeiten der Menschen tragen zur Erhöhung der Komplexität des Kosmos bei, vor allem der Komplexität in Richtung der Breite.

Es lassen sich aber auch Entwicklungstendenzen in Richtung der Tiefe, also zu noch komplexeren Wesen, als es der einzelne Mensch ist, erkennen. Solche Wesen müssten, nach dem bisher beobachteten Prinzip des Aufbaus komplexerer Wesen aus den weniger komplexen, unter Einbeziehung von Menschen gebildet werden. Das geschieht tatsächlich, z. B. durch die Staatenbildung. Man kann auch die durch die modernen Kommunikationsmittel beginnende Bildung eines *Menschheitsbewusstseins* als einen Ansatz in dieser Richtung sehen. Durch das Internet ist heute prinzipiell fast jeder mit fast jedem logisch verknüpft. Ein Großteil des Wissens der Menschheit ist in einer Weise allgemein zugänglich, die noch vor Kurzem undenkbar war. Die elektronischen Informations- und Speichermöglichkeiten haben die Möglichkeiten in Wissenschaft und Forschung, aber auch bei der Umsetzung der Ergebnisse derselben, also der Innovation, sehr vergrößert. Sie haben aber auch direkt zur Bildung neuer, übergeordneter STRUKTUREN geführt; ich denke z. B. an die „Sozialen Medien".

Wesentlich scheint mir in diesem Zusammenhang aber, dass „der Mensch" nichts Abstraktes ist. *Der*

Mensch, das ist jeder Einzelne von uns! Die Evolution setzt sich in jedem Einzelnen fort, d. h., jeder Einzelne bestimmt partiell durch sein Denken und Handeln die weitere Entwicklung des Kosmos. Er kann und soll durch seine persönliche Entwicklung zum Fortschritt der Gesamtevolution beitragen.

Tim:

Sie sagten soeben *Fortschritt* der Evolution. Was verstehen Sie darunter?

Fortschritt - wohin?

Dr. Fausten:

Für Sie und mich, für jeden Einzelnen, sollte Fortschritt bedeuten, sich persönlich *in Richtung der Gesamtevolution* zu entwickeln und nicht gegen diese.

Da die Gesamtevolution in Richtung höherer Geistigkeit ging, der Fortschritt der Evolution bisher durch diese Richtung gekennzeichnet war, sollte die Entwicklung jedes Einzelnen auch in dieser Richtung „fortschreiten". Diese Richtung ist durch die Entwicklung vom Tierreich zum Menschen vorgezeichnet. Die wesentlichen Fortschritte in diesem Abschnitt der Evolution, also die das *Wesen Mensch kennzeichnenden Eigenschaften*, sind zwar in jedem einzelnen Menschen vorhanden, aber sie

188

sind unterschiedlich stark ausgeprägt. Sie werden insbesondere durch das Leben des Einzelnen, durch seine persönlichen Lebensentscheidungen verändert. Man könnte daher sagen, dass es die Aufgabe jedes Menschen sei, im Laufe seines Lebens *mehr Mensch zu werden*! Damit würde er seinen Beitrag zum Fortschritt der Evolution leisten. Ich betrachte das als den wesentlichen Sinn menschlichen Lebens.

Tim:

Was verstehen Sie unter diesem „Mehr-Mensch-Werden"?

Dr. Fausten:

Alles zielstrebig weiter zu entwickeln und zu fördern, was das *Wesentliche* am Wesen Mensch ausmacht, was den Menschen von den Vorstufen in seiner Evolution, also vom Tierreich, unterscheidet. Das, was eben der *Fortschritt* in der Evolution war, der vom Tierreich zum Menschen führte. Dazu gehört sicher das Bemühen, die persönlichen, insbesondere auch die geistigen Fähigkeiten zu nützen und auszubauen. Und die menschliche Freiheit zu nützen, um alles zu unterdrücken, was ihn in Richtung früherer Entwicklungsstufen zurück entwickelt, damit er nicht gleich den Tieren den Trieben hilflos ausgesetzt ist.

Tim:

Ihre letzten Ausführungen scheinen mir eine Ethik zu begründen, die auf Beobachtung der Evolution beruht.

Dr. Fausten:

Warum nicht? Ich bin tatsächlich der Überzeugung, dass jeder Einzelne von uns als Glied in der Kette der Evolution Verantwortung dafür trägt, wie diese weitergeht. Eine Verantwortung insbesondere auch gegenüber zukünftigen Generationen.

Tim:

Das scheint mir ein sehr schöner Abschluss für unser Gespräch zu zweit zu sein.

2. Teil
NATURWISSENSCHAFT UND GOTT

Tim:

Herr Dr. Fausten sagte mir, er habe mit Ihnen, Sr. Paula, viel diskutiert. Seine Vorstellungen sind unkonventionell und es interessiert mich, wie Sie, als katholische Ordensschwester, dazu stehen?

Sr. Paula:

Es war zuerst nicht ganz leicht, diese Gedanken in meine Glaubenswelt einzuordnen. Was mich allerdings von Anfang an fasziniert hat, ist die Erkenntnis von Dr. Fausten, wonach alles Materielle eine geistige und eine energetische Komponente besitzt. Dr. Fausten ist sogar der Ansicht, dass die geistige Komponente das eigentlich Wesentliche alles Materiellen ist. Alle Dinge unterscheiden sich gerade durch ihre geistige Komponente, ihre STRUKTUR, voneinander wesentlich, also das Wesen bestimmend. Das ist eine ganz andere Sicht der Welt, als die, die sich mir bisher aus dem Gegensatz von Materie und Geist ergab.

Für mich als Christin wird dadurch vieles verständlicher. Ich bin ja davon überzeugt, dass Gott der Urheber allen Seins ist. Mir war immer die Auffassung etwas suspekt, dass Gott mit der materiellen

Welt etwas geschaffen haben soll, dass gewissermaßen der Gegensatz zum Geistigen sei, da Gott selbst doch reiner Geist ist. Dieses Problem löst sich mit den Auffassungen von Dr. Fausten auf. Wenn alles Materielle, also die ganze Schöpfung, wesentlich durch die geistige Seite gekennzeichnet ist, dann meine ich darin das Wirken des Geistes Gottes zu erkennen. So, wie man das Wirken des Geistes Mozarts in dessen Werken erkennen kann.

Die natürlich auch von Gott im Urknall geschaffene Energie ist meiner Ansicht nach das Hilfsmittel, aus dem das Geistige etwas formt. Wenn ich meine Vorstellung etwas bildlich beschreiben darf: Wie der Töpfer aus Ton Dinge macht, so macht der Geist aus Energie alle Wesen.

Durch die Auffassungen von Dr. Fausten ist auch der Gegensatz von Seele und Leib, von Geist und Körper, überholt. Zwar habe ich auch bisher daran geglaubt, dass die Seele den Körper bestimmt, für diesen verantwortlich ist. Aber ich konnte mir nicht recht vorstellen, wie das tatsächlich geschehen soll. Nun ist das kein Problem mehr: Die STRUKTUR des Körpers, die geistige Seite desselben, ist eine Folge des geistigen Gesamtkonzepts des Menschen, eben seiner Seele.

Wie die Seele die STRUKTUR bestimmt, so wirken umgekehrt alle Veränderungen der STRUKTUR auch auf die Seele, verändern diese. Die Seele ist in steter Wechselwirkung mit ihrem Körper.

Die Überlegungen von Dr. Fausten haben mir geholfen, meinen Glauben besser zu verstehen.

Tim:

Sr. Paula, Sie sprechen so selbstverständlich davon, dass Gott im Urknall alles geschaffen habe, selbst die Energie. Ist der Urknall tatsächlich der Anfang von allem, auch der Energie? Was sagen Sie, Herr Dr. Fausten, zu dieser Meinung von Sr. Paula?

Urknall und Energie

Dr. Fausten:

Zur Auffassung, dass Gott alles geschaffen habe, möchte ich nichts sagen, da bin ich nicht kompetent. Hinsichtlich Ihrer Frage, ob der Urknall tatsächlich der Anfang von allem Beobachtbaren gewesen sei: Aus naturwissenschaftlicher Sicht kann man diese Frage mit JA beantworten! Der Naturwissenschaftler kann ausschließlich das Universum, das eben das Tätigkeitsfeld des Naturwissenschaftlers ist, mit all seinen Facetten beobachten. Diese Beobachtung ist, und darin sollten wir uns einig sein, die Grundlage jeder naturwissenschaftlichen Arbeit. Unser Arbeitsgebiet beginnt daher mit dem Beginn des Universums, das wir beobachten können. Was „vor" dem Urknall gewesen sein könnte, entzieht sich daher grundsätzlich einer naturwissenschaftlichen Behandlung. Aus naturwissenschaftlicher Sicht sind Überlegungen dazu Spekulation bzw. Glaubenssache.

Energie im naturwissenschaftlichen Sinn ist grundlegender Teil des Universums und nicht ohne dasselbe beobachtbar. Daher ist der Beginn dessen, was naturwissenschaftlich als Energie beobachtbar ist, zwingend mit dem Urknall gleich zu setzen. Damit hoffe ich, Ihre Frage ausreichend beantwortet zu haben.

Unsterbliche Seele?

Tim:

Danke! Sr. Paula, Ihre Ausführungen vorhin machten auf mich den Eindruck, dass Sie vollkommen mit Dr. Fausten übereinstimmen. Dazu eine Frage: Als Christin glauben Sie doch an die Unsterblichkeit der Seele. Die scheint mir im Konzept von Dr. Fausten nicht gegeben zu sein. Haben Sie da kein Problem?

Dr. Fausten:

Darüber, liebe Sr. Paula, haben wir noch gar nicht gesprochen. Sie glauben ja an eine leibliche Auferstehung! Was geschieht Ihrer Ansicht nach mit der Seele nach dem Tod des Menschen? Bekommt nach Ihren Glaubensvorstellungen jede Seele einen neuen

Körper, so wie wir ihn jetzt haben? Leben wir vielleicht in einem anderen Körper als Menschen weiter? Manche meinen zu spüren, dass sie schon einmal auf dieser Welt gelebt hätten.

Sr. Paula:

Also, lieber Dr. Fausten! Eine Wiedergeburt hier auf Erden nach dem Tod, die Seelenwanderung, also die gibt es meiner Überzeugung nach sicher nicht. Unser Leben nach dem irdischen Tod wird nicht auf dieser Erde sein.

Dr. Fausten:

Aber eine Seele ohne Körper - das wäre doch kein Mensch. Das geistige Konzept eines Menschen kann, zumindest wie ich mir das vorstelle, nicht ohne Körper leben. Ich betone: *Leben*! Existieren, d. h., irgendwie aufgehoben, vor der Vernichtung bewahrt werden, ja meinetwegen. Auch ein Computerprogramm kann man auf einer CD in einer Schublade aufheben, aber wirksam werden kann es nur in einem Computer. Auf einem Computer, dessen Aufbau, dessen STRUKTUR, zu diesem Programm passt. Auch die menschliche Seele benötigt, um wirksam zu werden, um im eigentlichen Sinn zu leben, meiner Ansicht nach unbedingt einen geeigneten Körper. Es müsste ein menschlicher Körper sein!

Sr. Paula:

Da kann ich Ihnen voll zustimmen! Wir glauben ja, dass Christus alle Menschen am Jüngsten Tag, also am Ende der Zeit, von den Toten auferwecken wird. Das heißt aber doch nichts anderes, als dass dann tatsächlich alle Menschen wieder einen Körper erhalten werden. Mit dieser Glaubenswahrheit lässt sich Ihre Vorstellung, so meine ich, durchaus verbinden. Wenn man als Christ Ihre Vorstellungen interpretiert, dann beruht die *Unsterblichkeit der menschlichen Seele auf der Zusage Gottes, das geistige Konzept jedes Menschen nicht zu vergessen oder gar zu vernichten, sondern diesem wieder einen Körper zu geben.* Die Auferweckung von den Toten am Ende der Zeit ist die Einlösung dieser Zusage durch Gott.

Tim:

Das haben wir in der Schule anders gelernt. Unser Religionslehrer sagte, dass die Seele *an sich* unsterblich sei, weil sie reiner Geist ist, der unzerstörbar sei. So ungefähr habe ich das in Erinnerung. Sie meinen offenbar, dass die Seele nicht von sich aus unsterblich sei. Habe ich das falsch verstanden?

Sr. Paula:

Wenn Gott, der Urheber allen Seins, einem Geschöpf, dem konkreten Menschen, zusagt, dass er dessen Konzept, das ja das Spezifische dieses Menschen ist, nie vergessen und vernichten werde, dann *ist* diese Seele unsterblich! Man benötigt dann nicht mehr die philosophischen Stützen, die von klugen Köpfen erdacht wurden, um die Unsterblichkeit zu begründen.

PLATON (428 v. Chr. - 338 v. Chr.), ARISTOTELES (384 v. Chr. - 322 v. Chr.), AUGUSTINUS (354 - 430) und viele Andere haben sich mit der Frage der Unsterblichkeit befasst. Sie haben mit scharfem Verstand versucht, philosophisch logisch zu begründen, weshalb das Urwissen im Menschen von seiner Unsterblichkeit richtig sei. [a] Diese Überlegungen haben auch die kirchliche Lehre geprägt und damit den Religionsunterricht. Der Widerspruch, den Sie meinten, entdeckt zu haben, existiert nicht. Denn in der kirchlichen Lehre geht es nicht um eine philosophische Begründung der Unsterblichkeit, sondern um die Verkündigung der Auferstehung von den Toten!

Und genau das ist es: Gott lässt keinen Menschen in Vergessenheit geraten. Er erweckt diesen Menschen

---

[a] Mehr dazu in (SPLETT, 1973)

wieder zum Leben, indem er dieser Seele, diesem konkreten geistigen Konzept eines Menschen, wieder einen Leib verschafft.

Leibliche Auferstehung?

Dr. Fausten:

Und wird das ein menschlicher Körper sein?

Sr. Paula:

Wir wissen wenig über diesen zukünftigen Leib des Menschen, aber wir dürfen aufgrund der Aussagen in der Bibel davon ausgehen, dass er zwar anders als unser heutiger Körper sein wird, aber durchaus ein menschlicher und unserem entsprechend. Jesus spricht wiederholt in sehr menschlichen Bildern vom zukünftigen Leben der Menschen bei Gott. Er sagt, dass im Himmel Wohnungen seien, und vergleicht das ewige Leben wiederholt mit festlichem Essen.

Dr. Fausten:

Ist das nicht eher symbolisch gemeint?

Sr. Paula:

Das wäre denkbar. Meines Erachtens lassen aber Berichte um den Tod und die Auferstehung Jesu erkennen, dass der zukünftige Körper des Menschen zwar anders als unser heutiger Körper, aber durchaus menschlich und unserem entsprechend sein wird. So berichtet Markus in seinem Evangelium, dass

Jesus beim letzten Abendmahl sagte: „Ich werde nicht mehr von der Frucht des Weinstocks trinken bis zu dem Tag, an dem ich von Neuem davon trinke im Reiche Gottes".[a] Und Lukas berichtet uns Folgendes: Als Jesus nach seiner Auferstehung von den Toten den Jüngern erschien, glaubten diese, sie sähen einen Geist. Sie konnten nicht glauben, dass er tatsächlich leibhaftig bei ihnen sei. Da sagte Jesus zu ihnen, sie sollten ihn anfassen, denn kein Geist habe Fleisch und Knochen, wie sie es an ihm sehen könnten. Als die Jünger immer noch zweifelten, forderte er sie auf, ihm etwas zu essen zu geben. Und die Jünger gaben ihm ein Stück gebratenen Fisch. Er nahm es und aß es vor ihren Augen.[b] Ähnliches wird auch von einer anderen Begegnung des auferstandenen Jesus mit seinen Jüngern berichtet.[c] Auch Johannes berichtet, dass Jesus den Jüngern seine Hände und Füße mit den Wundmalen gezeigt hat, um ihnen zu beweisen, dass er wirklich der Gekreuzigte und von den Toten Auferstandene sei.[d] Den Thomas, der nicht glauben konnte, dass Jesus leibhaftig, also körperlich, wieder lebt, hat er

---

[a] (BIBEL, 2016), S. 1181, Mk 14, 25
[b] (BIBEL, 2016), S. 1224, Lk 24,36-43
[c] (BIBEL, 2016), S. 1252, Joh 21,13
[d] (BIBEL, 2016), S. 1251, Joh 20, 19 - 20

sogar aufgefordert, die von der Kreuzigung stammenden Wundmale anzugreifen. [a]

Tim:

Das war mir bisher nicht so deutlich bewusst.

Sr. Paula:

Mich selbst berührt immer besonders der Bericht der Begegnung des Auferstandenen mit den zwei Jüngern, die auf dem Weg nach Emmaus waren. Der auferstandene Jesus gesellt sich zu ihnen, wandert mit ihnen mehrere Kilometer, diskutiert mit ihnen. Doch sie erkennen ihn nicht, weil sie ihn nicht erwarten. Erst als sie ihn einladen bei ihnen zu übernachten, da es schon spät sei, beim gemeinsamen Abendessen, erkennen sie ihn plötzlich. Im gleichen Augenblick entzieht er sich ihren Blicken und sie sind allein. [b] Dieser auferstandene Jesus ist ganz Mensch. Er geht und diskutiert mit den Beiden, er setzt sich mit ihnen zu Tisch zum Essen. Sie erkennen Jesus erst, vielleicht sollte man besser sagen, Jesus lässt sich erst erkennen, als sie ihn nicht mehr als Fremden, sondern als ihren Nächsten behandeln, dem sie helfen wollen. Das sollte uns, so meine ich, im Umgang mit uns nicht nahestehenden Personen zu denken geben. Jesus betont ja, dass er sich mit

---

[a] (BIBEL, 2016), S. 1251, Joh 20, 24-29.
[b] (BIBEL, 2016), S. 1223 f, Lk 24,13-35; S. 1184, Mk 16,12-13.

allen, die unserer Hilfe bedürfen, identifiziert. [a]

Nach seinem Tod und seiner Auferstehung besaß Jesus, wie die Theologen sagen, bereits einen „verklärten" Leib. Auch wir sollen bei der Auferstehung von den Toten einen solchen erhalten.

Dieser Körper war, wie die Berichte zeigen, durchaus menschlich und entsprach dem Leib vor dem Tod. Andererseits war er doch auch verschieden: Jesus konnte bei verschlossenen Türen in den Kreis der Jünger kommen oder sich plötzlich ihren Blicken entziehen. Wir können aus diesen Berichten schließen, dass wir nach der Auferweckung von den Toten wieder essen und trinken können. Unser neuer Körper wird somit unserem jetzigen Körper zumindest recht ähnlich sein.

Tim:

Wenn diese Berichte über die Begegnung der Jünger mit Jesus nach dessen Kreuzigungstod als Tatsachenberichte genommen werden, dann habe ich ein Problem. Dieser „verklärte" Leib, wie Sie es, Sr. Paula, nannten, konnte einerseits mit den uns geläufigen materiellen Dingen in Wechselwirkung treten, indem Jesus z. B. essen konnte. Andererseits wurde er aber von dieser Materie nicht behindert, da

---

[a] (BIBEL, 2016), S. 1155, Mt 25,31- 40.

er durch verschlossene Türen kam. Was sagen Sie, Herr Dr. Fausten, zu dieser Frage?

Antimaterie

Dr. Fausten:

Naturwissenschaftlich kann man darauf keine Antwort geben. Wenn man die Berichte so nimmt, wie sie sind, würde es sich zwar um Beobachtungen handeln. Um die Beobachtung naturwissenschaftlich sehr interessanter Phänomene. Aber diese Phänomene sind nur damals beobachtet worden und nicht reproduzierbar. Daher können sie mit naturwissenschaftlichen Methoden auch nicht untersucht werden. Hier könnte man nur spekulieren und das ist nicht meine Aufgabe.

Vielleicht sollte ich aber dennoch erwähnen, dass es in der Natur beobachtbare Phänomene gibt, die zeigen, dass die uns geläufige Materie nicht die einzig mögliche Materieart ist.

Die Elementarteilchen, aus denen das naturwissenschaftlich beobachtbare Universum aufgebaut ist, bestehen entsprechend ihrer Masse aus Energie. Zu jedem dieser Elementarteilchen gibt es aber auch ein Antiteilchen, das die exakt gleiche Masse besitzt, sich aber durch die STRUKTUR, also seine geistige Seite, vom Elementarteilchen unterscheidet. Das Antiteilchen des Protons besitzt die gleiche Masse wie das Proton, ist aber elektrisch negativ, während das Proton bekanntlich elektrisch positiv ist. Analog ist das Antiteilchen des elektrisch negativen Elektrons, das Positron, elektrisch positiv.

Ein Wasserstoffatom aus Antimaterie besteht damit aus einem elektrisch negativen Antiproton als Kern und einem elektrisch positiven Positron, das diesen Kern umkreist. Es ist durchaus vorstellbar und möglich, dass es irgendwo ganze Systeme aus Antimaterie gibt. Beim CERN[a] in Genf stellt man Wasserstoffatome aus Antimaterie experimentell fast routinemäßig her.

Erstmals gelang die Herstellung von Antiwasserstoffatomen bei CERN 1995. 2002 wurden im ATHENA - Projekt bis zu 50.000 Antiwasserstoffatome erzeugt. Um solche hinsichtlich ihres physikalischen Verhaltens spektroskopisch zu untersuchen, müssen sie bei Temperaturen knapp über dem absoluten Nullpunkt in einer Magnetfalle gefangen gehalten werden. 2016 konnten im ALPHA-2 Projekt routinemäßig für jeden Versuch 25.000 Atome erzeugt und ein Teil von ihnen genau untersucht

---

[a] CERN = Europäische Organisation für Kernforschung, mit dem größten Forschungszentrum für Teilchenphysik bei Genf.

werden. Es zeigte sich, dass selbst bei äußerst genauen Messungen kein Unterschied zwischen den Spektren von normalem Wasserstoff und Antiwasserstoff vorhanden ist. Offenbar verhält sich Antimaterie genau so wie die uns umgebende Materie. [a]

Ein Universum aus Antimaterie hätte daher im Wesentlichen gleiche Eigenschaften, wie das uns bekannte. Kommen aber Materie und Antimaterie zusammen, so löschen sich beide gegenseitig aus. Die ihrer Masse entsprechende Energie bleibt in Form von Photonen erhalten. Man kann auch den umgekehrten Vorgang beobachten, dass aus einem Photon ausreichend hoher Energie durch Paarbildung ein Elektron und ein Positron entstehen.

Verklärter Leib?

Sr. Paula:

Aufgrund biblischer Aussagen erwarten wir Christen einen Neuanfang, nicht nur persönlich, sondern der ganzen Schöpfung. So schreibt Paulus im Brief an die Römer: [b] „Denn auch sie, die Schöpfung, soll von der Knechtschaft der Vergänglichkeit befreit

---

[a] (WIKIPEDIA, 2017e)
[b] (BIBEL, 2016), S. 1302, Röm 8, 21

werden zur Freiheit und Herrlichkeit der Kinder Gottes". Jesus ist, davon können wir ausgehen, nach seiner Auferstehung von den Toten schon Teil dieser neuen Schöpfung. Diese neue Schöpfung existiert also schon, wir haben nur keinen direkten Zugang zu ihr. Es ist das Ziel und die Hoffnung unseres Lebens, nach unserem Tod in diese neue Schöpfung zu kommen.

Tim:

Wenn man ihnen beiden zuhört, könnte man auf die Idee einer „Zwei-Welten-Theorie" kommen. Eine Welt sei die uns bekannte, aus normaler Materie bestehende Welt, die zweite bestünde aus Antimaterie. Der Hoffnung von Sr. Paula entsprechend, könnte das geistige Konzept des Menschen, seine Seele, nach dem irdischen Tod in der anderen Welt als geistiges Konzept zum Aufbau eines Wesens mit Hilfe von Energie dienen. Eines Wesens, das dann eben aus Antimaterie bestünde, sonst aber ähnlich wäre wie zuvor in dieser Welt. Eine solche „Zwei-Welten-Theorie" schiene mir persönlich plausibler, als die von manchen für realistisch gehaltene „Viele-Welten-Theorie", die ja eine Theorie mit näherungsweise unendlich vielen Welten ist.

Dr. Fausten:

So einfach, wie Sie das darstellen, ließe sich das, was Sr. Paula gesagt hat, wohl nicht erklären. Wäre der „verklärte" Leib Jesu aus Antimaterie gewesen, hätte sich doch bei jedem Kontakt mit normaler Materie alles Betroffene in Photonen, also Strahlungsenergie, umwandeln müssen. Ich wollte Ihnen mit meiner Bemerkung nur zeigen, dass es verschiedene Arten von Materie geben kann und gibt. Ob es eine gibt, welche jene Eigenschaften besitzt, die Voraussetzung für die in der Bibel beschriebenen Vorkommnisse sind, kann ich nicht sagen; naturwissenschaftlich beobachtet wurde eine solche meines Wissens bisher nicht.

Sr. Paula:

Ich selbst stelle mir vor, dass der *verklärte* Leib Jesu sich materiell nicht grundsätzlich von dem unseren unterschied, aber die Seele über ihn voll verfügen konnte. In der Bibel steht übrigens nicht, wie Sie meinten, dass Jesus durch verschlossene Türen gegangen ist. Genauer heißt es, dass er „bei verschlossenen Türen in ihre Mitte trat", also plötzlich bei ihnen war. An anderer Stelle, bei der Geschichte mit den Emmausjüngern, heißt es, dass er, als sie ihn erkannten, plötzlich nicht mehr bei ihnen war.

Sie haben, lieber Herr Dr. Fausten, gesagt, dass es

eine der grundlegenden Eigenschaften des Geistigen sei, Raum und Zeit zu überbrücken. Die Seele ist doch etwas rein Geistiges. Ich erkläre mir daher diese Berichte damit, dass Jesu Seele volle, unbeschränkte Verfügung über ihren *verklärten* Leib besaß. Jesus hatte dadurch die Möglichkeit, seinem Willen entsprechend nicht nur rein geistig, also mit der Seele, sondern auch mit dem Leib den Ort zu wechseln. Wir können über unseren Leib derzeit nur beschränkt verfügen, nach der Auferstehung von den Toten sollten auch wir einen *verklärten* Leib besitzen, über den wir dann voll verfügen könnten.

Dr. Fausten:

Das klingt sehr schön und hoffnungsvoll! Aber diese Auferstehung soll ja erst am Ende der Zeit stattfinden. Was geschieht denn mit der Seele in der Zwischenzeit?

Zeit und Ewigkeit

Sr. Paula:

Mit dem Tod, so beantwortete uns diese Frage unser Religionslehrer im Gymnasium, endet für den Menschen der irdische Zeitbegriff. Er versuchte uns zu erklären, wie man sich das Verhältnis der Zeitlosigkeit nach dem Tod zum zeitlichen Leben in der Welt vorstellen könne:

Aus dem Physikunterricht waren uns Diagramme, also die grafische Darstellung von Vorgängen, die von der Zeit abhängig sind, geläufig. Er schlug vor, statt einer Geraden einen Kreisbogen als Zeitkoordinate für ein solches Diagramm zu nehmen. Nun könne man alle Ereignisse in diesem Diagramm auftragen. Alles Irdische lässt sich in diesem Diagramm entlang der Zeitkoordinate abbilden. Unser Leben verläuft entlang des Kreisbogens, der Zeitkoordinate. Um von einem Ereignis zum nächsten zu kommen, bewegen wir uns auf einem Stück des Kreisbogens. Der Weg auf dem Kreisbogen zwischen zwei Ereignissen entspricht der Zeit zwischen diesen. Verschiedene Ereignisse sind verschieden weit von uns zeitlich entfernt. Auch können wir nur in eine Richtung am Kreisbogen gehen. In die andere Richtung, nämlich in die Vergangenheit, können wir nur zurückschauen oder besser, zurück denken. Wenn wir sterben, verlassen wir den Kreisbogen und kommen in das Zentrum des Kreises. Wir bewegen uns nicht mehr auf dem Kreisbogen, haben aber Sicht zu jedem Punkt des Kreises. Alle Ereignisse auf dem Kreisbogen, also alles, was sich aus unserer

irdischen Sicht in der Vergangenheit ab-
gespielt hat, was derzeit passiert, aber auch
noch in Zukunft geschehen wird, ist nach
dem Tod von uns gleich weit entfernt oder
gleich nahe. Die Begriffe Gegenwart, Vergangenheit und Zukunft betreffen uns im
Mittelpunkt des Systems nicht mehr, alles
ist gegenwärtig. Wir könnten an allem Anteil nehmen, was aus unserer heutigen Sicht
in der Vergangenheit geschah, heute geschieht und in Zukunft geschehen wird.
Selbst betroffen sind wir aber nicht mehr.
Im Tod endet für uns die irdische Zeit, wir
wechseln aus der Zeit in die Ewigkeit.
Diese mag uns hier und heute wie eine unendlich lange Zeit erscheinen. In Wahrheit
bedeutet Ewigkeit aber Zeitlosigkeit, da uns
die irdische Zeit nicht mehr betrifft.

Etwas philosophischer ausgedrückt ist unser jetziges
Leben ein ständiges WERDEN, das zukünftige
Leben, bezogen auf die jetzige Welt und aus
heutiger Sicht, ist ein SEIN.

Tim:

Ich habe aus dem Religionsunterricht in Erinnerung,
dass jede Seele *unmittelbar nach dem Tod* vor Gott
Rechenschaft abgeben muss und darnach in den

Himmel oder in die Hölle kommt. Und da gab es dann noch die Möglichkeit, in das Fegefeuer zu kommen. Andererseits kann ich mich auch an eine Szene im Evangelium erinnern, in der Christus sagt, dass er *am Ende der Zeit* einen Teil der Menschen zu seiner Rechten, einen anderen Teil zu seiner Linken versammeln wird. Die einen kommen in das Himmelreich, die anderen in die Hölle. Wie passt das zusammen?

Endgericht

<u>Sr. Paula:</u>

Gott ist reiner Geist. Die Seele, das Konzept eines Menschen, ist auch rein Geistiges. Kommunikation findet, so Dr. Fausten, stets zwischen geistigen Zentren statt. Es wäre daher vorstellbar, dass die Seele des Menschen nach dem Tod in unmittelbarer Kommunikation mit Gott erkennt, ob sie ihr Lebensziel erreicht hat oder nicht. Bei positivem Urteil könnte sie Gottes Liebe unmittelbar erleben. Die kirchliche Lehre nennt das „*Gott schauen*". Bei negativem Urteil müsste sie ohne dieses existieren.

Am Ende der irdischen Zeit würde in beiden Fällen die Seele dann wieder einen Körper bekommen und am allgemeinen Endgericht teilnehmen.

Ich meine aber, dass die Antwort auf Ihre Frage viel einfacher ist. Ihre Frage stellt sich nur durch unser menschliches Zeitverständnis. Erinnern Sie sich: Mit dem Tod endet für jeden von uns die irdische Zeit. Wir werden mit unserem Tod *am Ende unserer persönlichen Zeit* angelangt sein. Wir sind nach dem Tod nicht mehr der Zeit unterworfen, sie hat keine Bedeutung für unsere weitere Existenz. Wir haben unmittelbaren Zugang zur gesamten Geschichte des Kosmos, auch zum Ende der allgemeinen irdischen Zeit. Wir durchleben die irdische Zeitspanne zwischen unserem Tod und dem Ende der Welt nicht mehr. Dieser Zeitabschnitt gehört nicht zu unserem persönlichen Leben. Für uns ist das Ende der Zeiten mit dem Ende unserer persönlichen Zeit identisch. Für uns fallen damit persönliches Gericht und allgemeines Endgericht zusammen.

Tim:

Das hieße doch, dass wir *gleich* nach dem Tod auch wieder einen Körper bekämen.

Sr. Paula:

Vorsicht bei der Verwendung von Zeitbegriffen! Die gibt es nach dem Tod für uns nicht mehr. Gleichheit von persönlichem und letztem Gericht bedeutet nur, dass wir nach dem irdischen Leben keinen Zweischritt des Gerichts erleben.

Wenn Gott seine Zusage der Unsterblichkeit an uns einlöst und wir unseren neuen Leib erhalten, werden wir in der Gottbegegnung unser eigenes Leben mit dem vergleichen müssen, was Gottes Liebe mit uns vorhatte, was unser eigentliches Lebensziel war. Was haben wir aus unserem Leben gemacht?

Haben wir versucht, uns in Richtung der Evolution zu entwickeln? Sind wir im Laufe unseres Lebens mehr Mensch geworden? Ist unser ICH, unsere Seele, bereit, sich ganz auf Gott einzulassen?

Oder sind wir in unserem Leben eine Stufe in der Evolution zurückgefallen, statt mehr Mensch zu werden? Hat der Egoismus über die Liebe triumphiert, das ICH über das DU? Haben wir im Leben um uns einen Damm aufgebaut, innerhalb dieses Dammes ganz auf uns selbst bezogen gelebt? Dann hätten wir uns in unserem Leben selbst „verdammt". Unser ICH, unsere Seele, hätte sich hier auf Erden so entwickelt, dass sie für die Liebe Gottes, zu einem Leben mit Gott, nicht vorbereitet, nicht fähig wäre. Wir müssten fern von Gottes Liebe existieren. Das wäre die „Hölle". Eine Änderung gibt es nicht mehr, wir sind ja aus dem WERDEN in das SEIN übergegangen. Es gibt keine Zukunft, in der wir etwas korrigieren könnten, es gibt keine Hoffnung mehr!

<u>Dr. Fausten:</u>

Sie können das schon schrecklich darstellen!

Sr. Paula:

Zu erkennen, dass man sein Leben mit allen Konsequenzen vertan hat, wäre mehr als schrecklich. Wollen wir hoffen, dass niemand diese Bilanz ziehen muss und dass die Hölle vielleicht leer ist.[a]

Die Bibel spricht eindeutig von der Realität der Hölle, sodass ihre Existenz, also die prinzipielle Möglichkeit des endgültigen, unwiderruflichen Scheiterns des menschlichen Lebens, nicht bezweifelt werden kann. [b]

Wir werden aber, Gott sei Lob und Dank, bei unserer Begegnung mit Gott nicht allein auf uns angewiesen sein! Gott selbst möchte uns zu sich holen. Gottes Barmherzigkeit ist sehr, sehr groß. Auf diese dürfen wir hoffen. Christus ist für uns gestorben, damit wir das Leben bei Gott erlangen können. So dürfen wir auf Gott vertrauen und hoffen, dass er selbst uns hilft, zu einem anderen Ergebnis zu kommen. Wir werden vermutlich erkennen, dass wir Vieles anders und besser hätten machen sollen, dass wir oft das ICH über das DU

---

[a] Diese Hoffnung vertreten und begründen bedeutende Theologen, z. B. Karl RAHNER (1904 - 1984) und Hans URS VON BALTHASAR (1905 - 1988).

[b] U. a. (BIBEL, 2016), S. 1128, Mt 5, 29 f; S. 1174, Mk 9,43 - 48; S. 1206, Lk 12,5.

gesetzt haben. Das wird uns im Angesicht der Liebe Gottes sehr leidtun. Es wird uns schmerzlich bewusst werden, wie sehr und oft wir die Bemühungen Gottes um uns nicht beachtet, ja ausgeschlagen haben. Dieses schmerzhafte Erleben kann theologisch als „Fegefeuer" bezeichnet werden. Aber wir dürfen voll Hoffnung sein, dass Gott in dieser Situation alles tun wird, um uns ganz zu sich zu holen, damit das Ziel unseres Lebens erreicht, unsere persönliche Evolution vollendet wird.

Gottes Möglichkeiten sind aber durch die persönliche Freiheit, die wir haben müssen, um lieben zu können, begrenzt. Wer sich in voller Freiheit Gott unwiderruflich verweigern will, Gottes Liebe prinzipiell nicht annehmen will, dem kann Gott nicht helfen. Gottes Barmherzigkeit kann nur wirken, wenn man bereit ist, sie anzunehmen.

Ich selbst vertraue darauf, - und das ist meine persönliche, feste Hoffnung - dass Jesus, der sich in meinem Leben so viel um mich bemüht und mit mir abgeplagt hat, dafür sorgen wird, dass das nicht vergeblich war! Darum bitte ich ihn täglich.

Evolution und Kirche

Ich schließe mich Ihrer Hoffnung an! Nun möchte ich Sie aber bitten, dass wir das Thema wechseln.

Die Überlegungen Dr. Faustens ergeben auch eine völlig neue Vorstellung hinsichtlich der Evolution. Die Evolution sei, so meint er, eine rein geistige Evolution, eine Evolution der STRUKTUREN gewesen. Sie hätte tendenziell zu immer komplexeren STRUKTUREN geführt. Er nimmt an, dass in der Evolution eine Zielursache wirksam war, die zu den immer komplexeren STRUKTUREN führte. Die Entwicklung sei somit systematisch gewesen. Das Ziel sei eine Erhöhung der Komplexität der STRUKTUR der Kosmos gewesen, also eine Erhöhung der Bedeutung des Geistigen gegenüber dem Energetischen. Die Evolution hätte das Ziel einer *Vergeistigung* des Kosmos gehabt. Wie sehen Sie das, Sr. Paula?

Sr. Paula:

Vielleicht sollte ich zunächst feststellen, dass die kirchliche Lehre über die Evolution keine Auskunft gibt. Sie besagt nur, dass alles von Gott geschaffen sei. Wie das im Einzelnen erfolgte, ist hinsichtlich der Dogmatik offen.

In vergangenen Jahrhunderten, und bis in nicht allzu

lang zurückliegende Zeit, wurden in der kirchlichen Verkündigung aber leider diverse konkrete Auffassungen hinsichtlich der Art der Erschaffung der Welt und des Menschen vertreten. Dabei wurden insbesondere die Texte der ersten beiden Kapitel des Buches Genesis mehr oder weniger als historische Beschreibung der Schöpfung betrachtet. Diese bildhaften Texte waren ja zur Frage, wie alles entstanden sei, lange Zeit die einzigen Informationen, die man hatte. Die sehr fantasievollen Erzählungen anderer Kulturen will ich außer Betracht lassen. Darüber hinaus waren diese Beschreibungen der Heiligen Schrift entnommen und besaßen dadurch für Juden und Christen ein hohes Maß an Vertrauenswürdigkeit.

Ganz allgemein muss jede kirchliche Verkündigung im Umfeld des gerade aktuellen Weltbildes erfolgen. Die zu vermittelnden Glaubensinhalte müssen im Einklang mit diesem Umfeld verkündet werden, damit sie verstanden werden. Das galt zur Zeit Jesu ebenso wie im Mittelalter und gilt auch heute.

Tim:

Da werden Sie schon recht haben, wenngleich ich den Eindruck habe, dass die Kirche ihrer Verkündigung zumeist nicht gerade das aktuellste Weltbild zugrunde legt.

Meine Frage ging aber dahin, ob die Auffassungen von Dr. Fausten über die Evolution Ihnen Schwierigkeiten im Zusammenhang mit Ihrem Glauben bereiten?

Der Anfang der Vergeistigung

Sr. Paula:

An sich nicht! Das habe ich wohl schon in meinen Anmerkungen zum Endgericht anklingen lassen.

Aber ich habe schon noch Fragen in diesem Zusammenhang. Herr Dr. Fausten, Sie sagen, dass die Evolution eine rein geistige Evolution ist und zu einer zunehmenden Vergeistigung des Kosmos führt. Die Zunahme der Bedeutung der geistigen Seite des Kosmos in Relation zur energetischen Seite sei die Zielursache der ablaufenden Entwicklung. Können Sie mir erklären, wie dieses Ziel der Vergeistigung in der Evolution entstand?

Dr. Fausten:

Meine Auffassung beruht allein auf der Beobachtung. Die Komplexität der Wesen, insbesondere auch des Kosmos selbst, ist im Laufe der Evolution ständig gestiegen, die Menge der Energie aber seit dem Urknall konstant geblieben. Die geistige Seite der Wesen, die Komplexität ihrer STRUKTUR, hat somit in Relation zur energetischen, zur Masse, zugenommen. Weshalb das so war, weiß ich nicht. Da die Evolution eine geistige Evolution ist, scheint es mir durchaus verständlich, ja naheliegend, zu sein, dass sie zu einer Erhöhung der geistigen Komponente der Wesen tendiert.

Sr. Paula:

Sie meinen also, dass das Ziel der Vergeistigung des Kosmos schon im Urknall vorhanden war?

Dr. Fausten:

Um Ihre Frage, liebe Sr. Paula, zu beantworten, muss ich etwas weiter ausholen. Ich bin der Ansicht, dass auch die Energie im Urknall bereits strukturiert gewesen sein muss. Eine völlig strukturlose Energie ist kaum vorstellbar, wir könnten sie auch nicht mit naturwissenschaftlichen Methoden beobachten.

Das Standardmodell der Kosmologie nimmt an, dass die ursprüngliche Energie in Form von extrem hochenergetischen Photonen vorlag. Photonen besitzen sowohl Impuls als auch Drehimpuls, den sogenannten Spin. Impuls und Drehimpuls sind strukturelle Eigenschaften der Energie. Photonen besitzen damit sicher eine STRUKTUR, also eine geistige Komponente. [a] Daher war die Energie im Urknall, oder, genauer gesagt, zumindest unmittel-

---

[a] Siehe auch Seite 100 f.

bar nach dem Urknall, wo das Standardmodell der Kosmologie noch anwendbar ist, bereits strukturiert. Sie besaß also schon einen geistigen Partner.

Der geistige Partner muss wohl gleichzeitig mit der Energie entstanden sein. Der Kosmos besaß also von Anfang an eine geistige Seite. Damit war der Grundstein für eine weitere geistige Entwicklung vorhanden. Die geistige Komponente des Urkosmos wird bereits das Bestreben gehabt haben, sich zu vergrößern. Dieses Bestreben ist ja, wie wir schon überlegt haben, eine Grundeigenschaft des Geistigen.

Ob Ihnen die Existenz dieser geistigen Komponente des Kosmos, mit ihrem Bestreben sich zu vergrößern, als Quelle der gesamten geistigen Entwicklung genügt, um Ihre Frage mit Ja zu beantworten, muss ich Ihnen überlassen.

Sr. Paula:

Aus Ihrem letzten Satz meine ich heraus zu hören, dass Sie selbst dieser geistigen Komponente nicht zutrauen, die alleinige Quelle für die doch sehr komplexe Evolution, wie wir sie im Rückblick erkennen können, zu sein. Oder irre ich mich?

Dr. Fausten:

Ich gebe zu, dass es mir nicht ganz leicht fällt, das als einzige Ursache für die tatsächliche Entwicklung anzusehen. Aber ich muss das wohl tun, denn ich kann keine Möglichkeit erkennen, wie geistige Quellen innerhalb des Kosmos, unabhängig von seiner geistigen Ausgangssituation, entstanden sein könnten. Die Alternative wäre ja nur, dass die spätere geistige Ausrichtung der Evolution von außerhalb des Kosmos beeinflusst war. Da die Naturwissenschaft nur den Kosmos beobachten kann, entfällt diese Möglichkeit aber aus naturwissenschaftlicher Sicht.

Sr. Paula:

Vielleicht verlangen Sie einfach zu viel von der Naturwissenschaft. Können Sie sich nicht vorstellen, dass es auch Dinge gibt, die mit naturwissenschaftlichen Methoden nicht beobachtbar sind? Sagten Sie nicht, dass der Begriff des Wesens beliebig weit genommen werden kann?

Dr. Fausten:

Das stimmt. Ich betrachte ja auch den gesamten Kosmos als *ein* Wesen.

Sr. Paula:

Rein geistige Wesen würden sich vermutlich der Untersuchung mit den Mitteln der Naturwissenschaft entziehen. Nun sagten Sie, dass die Evolution eine geistige Evolution gewesen sei und dass jede Kommunikation eine geistige Angelegenheit sei, die stets zwischen geistigen Zentren, den Seelen, stattfinde. Ein rein geistiges Wesen könnte daher doch mit der geistigen Seite anderer Wesen, z. B. auch des Kosmos, in Kommunikation treten. Das würde zwar mit naturwissenschaftlichen Methoden nicht erkennbar sein, aber ihren Vorstellungen über die Evolution nicht widersprechen.

Dr. Fausten:

Der Gedankengang dürfte logisch richtig sein. Allerdings haben wir keinen Hinweis auf die Existenz von rein geistigen Wesen. Wir könnten, wie Sie richtig feststellten, solche Wesen, wenn es sie gäbe, auch gar nicht beobachten. Solche Überlegungen entsprechen nicht den naturwissenschaftlichen Prinzipien, sie sind daher nutz- und sinnlos.

Ursache des Urknalls

Sr. Paula:

Da bin ich nicht Ihrer Meinung. Ich bin ja der Überzeugung, dass auch der Urknall eine Ursache hatte. Diese Ursache nennen wir Christen, und nicht nur wir, sondern z. B. auch Juden und Moslems, **Gott**. Dieses Wesen, das in der Lage war, den Urknall hervorzurufen, ist offensichtlich außerhalb des Kosmos zu suchen, denn der Kosmos hat ja seine Wurzel im Urknall. Gott, der Urheber des Urknalls, ist also kein Teil des Kosmos, er ist reiner Geist.

Daher entzieht sich Gott auch der naturwissenschaftlichen Beobachtung.

Das schließt aber, so meine ich, die Möglichkeit nicht aus, dass dieser Geist „Gott" mit der geistigen Seite des Kosmos in Kontakt ist, mit ihr kommuniziert. Dadurch könnte der Urheber des Urknalls, durchaus im Einklang noch mit Ihren Überlegungen, Einfluss auf die Evolution des Kosmos genommen haben.

Ist es nicht naheliegend, dass jenes Wesen, das den Urknall verursacht hat, ein Interesse daran hat, wie die weitere Entwicklung des daraus entstehenden Kosmos verläuft?! Es ist doch sehr unwahrscheinlich, dass hinter einem so gewaltigen Ereignis, wie es der Urknall war, keinerlei Absicht stand. Dass Gott, die Ursache des Urknalls, keinerlei Ziel mit diesem verfolgte. Daher finde ich die Auffassung plausibel, dass der Geist Gottes mit der geistigen Seite des Kosmos, mit dessen Seele, wie Sie es nennen, in Kontakt ist und sie beeinflusst. Wir Christen sind davon überzeugt, dass Gott in seiner Schöpfung wirkt und sich nicht nach dem Urknall zurückgezogen hat.

Dr. Fausten:

Liebe Sr. Paula, ich kann Ihren Argumenten nicht folgen. Sie versuchen offenbar, Glaubensauf-

222

fassungen mit naturwissenschaftlichen Fakten zu kombinieren. Das ist nicht zulässig.

<u>Sr. Paula:</u>

Warum eigentlich? Ich behaupte ja nicht, dass meine Überlegungen, die im Einklang mit meinem Glauben sind, naturwissenschaftliche Aussagen darstellen. Ich will sicher nicht in Ihren Kompetenzbereich eindringen. Vielmehr bin ich davon fasziniert, dass Ihre, auf naturwissenschaftlicher Basis beruhenden, Überlegungen mit meiner Glaubensüberzeugung so gut harmonieren.

<u>Dr. Fausten:</u>

Wollen Sie damit behaupten, meine Vorstellungen von der Evolution würden bestätigen, dass der „liebe Gott" nach genauem Plan alle Pflanzen, Tiere und auch den Menschen geschaffen habe, und das womöglich in 7 Tagen?

Wirken Gottes in der Evolution?

<u>Sr. Paula:</u>

Keineswegs! Ich bin überzeugt, dass Gott es nicht notwendig hat, alles wie ein Handwerker persönlich herzustellen. Er bräuchte der Seele des Kosmos nur das Ziel einer möglichst hohen Komplexität, und damit die Richtung in der Evolution, vorgegeben zu haben. Jene Richtung der zunehmenden Vergeistigung des Kosmos, der zunehmenden Komplexität, die Sie beobachten. Die eigentliche Entwicklung könnte dann im Bestreben, dieses Ziel zu erreichen, nach der Methode von *Versuch und Irrtum* abgelaufen sein, genau so, wie Sie es dargelegt haben.

Ihre Beobachtungen stehen aber auch nicht im Widerspruch zu einer ständigen Kommunikation des Schöpfergeistes, der den Urknall verursachte, mit den Seelen verschiedener Wesen, insbesondere des gesamten Kosmos. Auch in diesem Fall würde ja die konkrete Entwicklung nach der Methode von *Versuch und Irrtum* erfolgt sein. Allerdings wären einzelne Wesen, ja der Kosmos als Ganzes, von außen beeinflusst. Die Beeinflussung eines Wesens durch Kommunikation mit anderen Wesen ist Ihrer Ansicht nach ein zentrales Element in der Evolution. Diese Kommunikation findet, wie Sie sagen, stets zwischen den Seelen statt. Was hindert Sie zu akzeptieren, dass Kommunikation auch zwischen den Seelen verschiedener Wesen einerseits und dem Schöpfergeist andererseits möglich war und ist? Was scheint Ihnen plausibler anzunehmen:

- dass die Seele des Kosmos im Laufe der Evolution durch eine Kommunikation mit dem Urheber des Kosmos Impulse zur Höherentwicklung erhalten hat, wodurch die Evolution in die uns bekannten Bahnen gelenkt wurde,

- oder dass die in den hochenergetischen Photonen der Ursuppe enthaltenen Impulse und Drehimpulse allein für die gesamte geistige Entwicklung des Kosmos verantwortlich seien?

Dr. Fausten:

An Ihre Argumente, liebe Sr. Paula, muss ich mich noch gewöhnen. Sie entsprechen nicht meiner naturwissenschaftlich geprägten Denkweise, die grundsätzlich nur von der Beobachtung ausgeht. Wir beide sind uns hoffentlich einig, dass wir Gott, so es ihn gibt, mit naturwissenschaftlichen Methoden nicht beobachten können. Er kann daher in unseren naturwissenschaftlichen Überlegungen, Modellen und Berechnungen nicht berücksichtigt werden.

Aber ich muss gestehen, dass Ihre Gedanken dennoch interessant sind. Es scheint mir vernünftig zu sein, zu akzeptieren, dass der Urknall eine Ursache besitzen muss, die außerhalb des Kosmos liegt. Eine Ursache, die sich daher der naturwissenschaftlichen Beobachtung und Untersuchung entzieht. Sie muss sich dieser entziehen, da eben das Arbeitsgebiet der Naturwissenschaft definitionsgemäß auf das Beobachtbare, auf den Kosmos begrenzt ist. Daher fühle ich mich hier für die Argumentation nicht mehr zuständig.

Aber, ... hm ..., *wenn* die Ursache des Urknalls ein Gott ist, der wie Sie annehmen, reiner Geist ist und einen Willen hat, man könnte sagen, ein personaler Gott ist, dann könnten Ihre Gedanken überlegenswert sein. Aber nochmals: Das übersteigt meine Kompetenz. Das gehört eher in die Kompetenz von Philosophen und Theologen.

Ein Gott der Christen, der Juden und Moslems?

Tim:

Sr. Paula, Sie haben vorhin gesagt, dass sowohl Christen als auch Juden und Moslems Gott als den Urheber des Kosmos betrachten. Gibt es eigentlich einen Unterschied zwischen dem Gottesbild der Christen, der Juden und der Moslems?

Sr. Paula:

Es ist richtig, dass hinsichtlich des Wirkens Gottes als Urheber der Schöpfung zwischen uns und den Juden, aber auch den Moslems kein signifikanter Glaubensunterschied besteht.

Das Gottesbild des Christentums unterscheidet sich dennoch sehr wesentlich von dem des Judentums und des Islam. Das betrifft auch gerade das Wirken Gottes in seiner Schöpfung.

Auch für uns Christen ist Gott ein EINZIGER, wie es das Judentum und der Islam bekennen. Aber wir

Christen glauben darüber hinaus, dass Gott EINER in drei Personen ist: Gott Vater, der Ursprung und Urheber allen Seins, Gott Sohn, durch den Gott den Kosmos geschaffen hat und der in Jesus von Nazareth dann selbst Mensch geworden ist, um die Schöpfung ganz mit Gott zu vereinen, und Gott, der Heilige Geist, der in dieser Schöpfung wirkt, um sie zum Ziel zu führen.

Tim:

Glauben Sie damit nicht doch an drei Götter? Der Islam wirft ja den Christen vor, nicht an einen, sondern an drei Götter zu glauben.

Der dreifaltige Gott

Sr. Paula:

Ich gebe zu, dass dieses Missverständnis leicht möglich ist. Im Grunde ist die göttliche Dreifaltigkeit, wie alles was Gott selbst betrifft, ein mit menschlichem Denken nicht entschlüsselbares Geheimnis, das uns von Jesus Christus mitgeteilt wurde.

Wichtig ist, sich vor Augen zu halten, *dass Gott die Liebe ist*, wie es der Apostel Johannes ausdrückt. Diese Liebe begründet und verbindet die drei göttlichen Personen zu einer Einheit, zu einem einzigen Gott. Es bringt uns wenig, wenn wir darüber nachgrübeln, wie das im Detail sein mag. Das haben viele kluge Köpfe ohne großen Erfolg getan.

Man kann höchstens versuchen, das Geheimnis mit einem Gleichnis verständlicher zu machen: Würden zwei oder drei von uns so unbedingte und grenzenlose Liebe zu einander haben, dass sie je *nur* das wollen und tun, was der andere will, dann könnte man sie nicht voneinander unterscheiden. Man müsste von ihnen sagen: „Sie sind ein Herz und eine Seele", und damit wären sie ein menschliches Abbild Gottes. Und genau das ist auch unsere eigentliche Berufung hier auf Erden: Wir sollen einander so lieben, dass wir tatsächlich ein Abbild Gottes werden! [a]

Das Geheimnis der Dreifaltigkeit besagt auch, dass Gott seine Schöpfung so sehr liebt, dass er selbst in Jesus von Nazareth Mensch geworden ist. Er hat sich dadurch mit seiner Schöpfung voll identifiziert. Er wirkt in ihr durch seinen Geist, Gottes Geist, um die Schöpfung evolutionär zur Vollendung zu führen.

Tim:

Liebe Sr. Paula! Sie sprechen so selbstverständlich davon, dass Gott selbst in Jesus von Nazareth Mensch geworden sei. Woher nehmen Sie diese Sicherheit?

---

[a] Siehe S. 245.

Sr. Paula:

Ich glaube den Zeugen seiner Auferstehung von den Toten! Der Mensch Jesus von Nazareth war grausam hingerichtet worden und nachweislich mausetot. [a] Der Umstand, dass er Tage später wieder lebt, mit seinen Jüngern redet, isst und trinkt, ist für mich ein zwingender Beweis, dass er die Wahrheit sagt. Er selbst hat sich als Sohn Gottes bekannt. Das war ja für die Hohenpriester Gotteslästerung und die offizielle Begründung seiner Verurteilung zum Tod. [b] Unser ganzer Glaube hängt an dieser Tatsache! Paulus schreibt mit Recht: „Ist aber Christus nicht auferweckt worden, dann ist unsere Verkündigung leer, leer auch euer Glaube." [c] Und setzt fort: „Nun aber *ist* Christus von den Toten auferweckt worden als der Erste der Entschlafenen." [d]

---

[a] (BIBEL, 2016), S. 1250, Joh 19, 33-35.

[b] (BIBEL, 2016), S. 1221, Lk 22, 70-71.

[c] (BIBEL, 2016), S. 1326, 1 Kor 15,14.

[d] (BIBEL, 2016), S. 1326, 1 Kor 15, 20.

Glaubwürdigkeit der Evangelien

Tim:

Sind Sie da nicht ein wenig leichtgläubig? Die Evangelien wurden, wenn ich richtig informiert bin, erst sehr spät, lange nach dem Tod Jesu verfasst. Die Autoren schrieben offenbar nur nach der Erinnerung oder gar nach dem Hörensagen. Macht Sie das nicht misstrauisch gegenüber dem Inhalt?

Sr. Paula:

Es ist richtig, dass die uns schriftlich überlieferten vier Evangelien erst Jahrzehnte nach Tod und Auferstehung Jesu verfasst wurden. [a] Zwar haben die Evangelisten auf ältere, inzwischen verloren gegangene, Schriftstücke zurückgegriffen, aber auch diese werden sicher nicht zu Lebzeiten Jesu verfasst worden sein. Das hat seinen guten Grund. Die Jünger Jesu waren in den ersten Jahrzehnten nach Jesu Tod und Auferstehung in der Naherwartung der Wiederkunft Jesu. Sie waren davon überzeugt, dass das Ende der Zeiten unmittelbar bevorstehe. Es schien daher völlig sinnlos, etwas für spätere

---

[a] Das Evangelium nach Markus wurde um 70 verfasst (BIBEL, 2016), S. 1161, das nach Matthäus um 80 (BIBEL, 2016), S. 1123. Lukas schrieb sein Evangelium um 80 - 90 (BIBEL, 2016), S. 1185, Johannes um 100 (BIBEL, 2016), S. 1225.

Generationen schriftlich festzuhalten, denn diese würde es ja gar nicht geben. Das geht z. B. deutlich aus Paulusbriefen hervor. Das älteste uns erhaltene Dokument des neuen Testaments ist der erste Brief des hl. Paulus an die Thessalonicher. [a] Er wurde etwa eineinhalb Jahrzehnte nach Jesu Tod und Auferstehung geschrieben. Darin betont Paulus, dass die bei der bevorstehenden Wiederkunft des Herrn noch Lebenden keinen Vorteil gegenüber den inzwischen schon Verstorbenen haben werden. [b] Ähnliches schreibt er im ersten Korintherbrief, den ich vorhin erwähnte. [c]

Tim:

Weshalb wurden dann überhaupt Evangelien verfasst?

Sr. Paula:

Jene Männer, insbesondere natürlich die Apostel, die persönlich Jesus nach seiner Auferstehung von den Toten erlebt, mit ihm gegessen und getrunken hatten, waren von dieser Erfahrung zutiefst geprägt. Sie alle bezeugten diese Erfahrung nicht nur mit ihrem Leben, sie setzten auch ihre ganze Lebenskraft dafür ein, möglichst Viele zum Glauben an

---

[a] Verfasst 50/51. (BIBEL, 2016), S. 1362.
[b] (BIBEL, 2016), S. 1365 f, 1 Thess 4, 15 ff.
[c] (BIBEL, 2016), S. 1327, 1 Kor 15, 51 ff.

Jesus zu gewinnen, damit diese beim bevorstehenden Weltgericht gerettet würden. Diesem Missionsauftrag des Herrn [a] wurde primär mündlich, im persönlichen Kontakt und Zeugnis von der Auferstehung, entsprochen. Wie schon gesagt, erwarteten sie das Weltgericht kurzfristig. Eine Niederschrift für künftige Generationen, die es kaum geben würde, schien sinnlos.

Die rasch wachsenden Gemeinden konnten schließlich nicht mehr ständig persönlich von den Urzeugen betreut werden, und so musste man die Botschaft von Jesus auch schriftlich weiter geben. Die historisch ältesten Schriften sind daher Lehrbriefe an Gemeinden. [b]

Jesus - Gott und Mensch?

Tim:

Sie sagen, Gott selbst wurde in Jesus Mensch. Wie soll denn das geschehen sein? Das ist doch eigentlich unvorstellbar.

---

[a] (BIBEL, 2016), z. B. S. 1160, Matth 28, 19 - 20.

[b] Das älteste uns erhaltene Dokument ist der erste Brief des Apostels Paulus an die von ihm gegründete Gemeinde von Thessalonich. Siehe Seite 231.

Sr. Paula:

Mit Ihrer letzten Bemerkung haben Sie natürlich recht. Mit dem normalen Verstand, mit der menschlichen Denkweise, ist das vermutlich nicht begreifbar.

Aber Gott findet immer Wege, seine Pläne zu realisieren. Was wissen wir darüber? Der Evangelist Matthäus schreibt nur kurz und bündig: „Mit der Geburt Jesu Christi war es so: Maria, seine Mutter, war mit Josef verlobt; noch bevor sie zusammengekommen waren, zeigte sich, dass sie ein Kind erwartete - durch das Wirken des Heiligen Geistes." [a] Wesentlich ausführlicher berichtet der Evangelist Lukas. Er schreibt, dass ein Engel zu einer Jungfrau namens Maria kam, die mit Josef verlobt war. Der Engel begrüßte sie und sagte dann: „Siehe, du wirst schwanger werden und einen Sohn wirst du gebären; dem sollst du den Namen Jesus geben. Er wird groß sein und Sohn des Höchsten genannt werden." Maria war unklar, wie das möglich sein sollte und fragte: „Wie soll das geschehen, da ich keinen Mann erkenne?" Der Engel antwortete ihr: „Heiliger Geist wird über dich kommen und Kraft des Höchsten wird dich überschatten. Deshalb wird auch das Kind heilig und Sohn Gottes genannt

---

[a] (BIBEL, 2016), S. 1125, Mt 1, 18.

werden … Denn für Gott ist nichts unmöglich." Da sagte Maria: „Siehe, ich bin die Magd des Herrn; mir geschehe, wie du es gesagt hast." [a]

Neun Monate später kam das verheißene Kind in Bethlehem zur Welt. Die Geschichte der Geburt ist Ihnen vermutlich bekannt; es ist die Geschichte von Weihnachten.

Tim:

Und war das eine normale Geburt?

Sr. Paula:

Ja sicher. Auch darüber schreibt Lukas: Im Zusammenhang mit der Steuererhebung unter Kaiser Augustus war Josef mit Maria nach Bethlehem gereist. „Es geschah, als sie dort waren, da erfüllten sich die Tage, dass sie gebären sollte, und sie gebar ihren Sohn, den Erstgeborenen. Sie wickelte ihn in Windeln und legte ihn in eine Krippe, weil in der Herberge kein Platz für sie war." [b] Lukas berichtet über ein offensichtlich ganz normales Ereignis. Maria hatte auch damit gerechnet, denn sie hatte Windeln auf die Reise mitgenommen.

---

[a] (BIBEL, 2016), S. 1187/88, Lk 1, 26 - 38.
[b] (BIBEL, 2016), S. 1189, Lk 2, 6 - 7.

Tim:

Wenn Jesus als Mensch in einer normalen Geburt zur Welt kam, dann war er doch ein normaler Mensch. Wieso sagen Sie dann, dass er Gott sei?

Sr. Paula:

Er war beides! Er war ganz Mensch und dennoch ganz Gottes Sohn. Darin liegt seine Einzigartigkeit, die nicht nur wir schwer verstehen, sondern auch die meisten Menschen seiner Zeit nicht verstehen konnten oder wollten. Es ist eben mit dem menschlichen Verstand allein, wie alles, was wir über Gott wissen, nicht zu verstehen. Als Petrus bekennt: „Du bist der Christus, der Sohn des lebendigen Gottes!" antwortet ihm daher Jesus: „Selig bist du, Simon Barjona; denn nicht Fleisch und Blut haben dir das offenbart, sondern mein Vater im Himmel." [a]

Tim:

Jemand sagte mir, Jesus sei zunächst nur ein Mensch gewesen, der Sohn Josefs und Mariens. Er habe sich von Johannes dem Täufer taufen lassen. Dabei sei er vom Geist Gottes erfüllt worden und habe dann durch diesen gewirkt. Das stünde im Evangelium.

Sr. Paula:

Das steht sicher nicht im Evangelium.

---

[a] (BIBEL, 2016), S. 1143, Mt 16, 16 - 17

Was seine Geburt betrifft, haben wir ja vorhin gesehen, dass er nicht der leibliche Sohn Josefs war, sondern Maria durch das Wirken Gottes das Kind empfangen hat. Als der Engel Maria diese Botschaft bringt, sagt dieser auch, dass Jesus deshalb „Sohn Gottes" genannt werden wird.

Richtig ist, dass sich Jesus, wie damals viele Menschen, von Johannes dem Täufer taufen ließ. Es gibt mehrere Berichte von dieser Taufe. [a] Alle berichten, dass dabei der Geist Gottes sichtbar in Gestalt einer Taube auf ihn herab kam. Markus und Lukas berichten auch, dass gleichzeitig eine Stimme aus dem Himmel sprach: „Du bist mein geliebter Sohn, an dir habe ich Wohlgefallen gefunden". Nach Matthäus sagte die Stimme aus dem Himmel: „Dieser ist mein geliebter Sohn, an dem ich Wohlgefallen gefunden habe". Der Evangelist Johannes berichtet, dass Johannes der Täufer das Geschehen gesehen habe und deshalb bezeugt: „Er ist der Sohn Gottes".

Diese Taufe war sicher ein Wendepunkt im Leben Jesu. Die öffentliche *Bestätigung* durch den Hl. Geist, dass er Gottes Sohn ist, war für ihn der Anlass, sein bisheriges Leben als Zimmermann zu

---

[a] (BIBEL, 2016) S. 1126, Mt 3, 13 - 17; S. 1162, Mk 1, 9 - 11; S. 1191, Lk 3, 21 - 22; S. 1226, Joh 1, 29 - 34.

beenden und sich allein seiner eigentlichen Aufgabe in dieser Welt zu widmen.

Tim:

Danke für diese Richtigstellung. Sie sagten vorhin, dass Jesus in einer normalen Geburt zur Welt kam. Soweit ich weiß, verehrt die Kirche Maria als immerwährende Jungfrau. Das ist mir nicht verständlich, wenn sie eine normale Geburt hinter sich hatte.

Sr. Paula:

Sie haben eine rein anatomische Vorstellung von dem, was eine Jungfrau ist. Diese teile ich nicht. Eine Jungfrau ist doch nicht durch anatomische Details gekennzeichnet, sondern dadurch, dass sie keinen Sex hatte! Nun haben wir ja gerade gesehen, dass das Kind, das Maria bekam, durch das Wirken des Geistes Gottes und nicht durch einen Mann gezeugt wurde. Also ist Maria auch nach der Geburt Jesu eine Jungfrau.

Tim:

Soweit ich weiß, wird in den Evangelien auch von den Brüdern Jesu gesprochen. Heißt das nicht, dass Maria mit Josef noch weitere Kinder hatte?

Sr. Paula:

Nein, das heißt es nicht. [a] Es ist richtig, dass mehrfach Brüder Jesu, z. T. sogar namentlich, genannt werden. [b] Vielfach wird das mit der damals üblichen Bezeichnung für die Mitglieder der Großfamilie, die alle nahen Verwandten einschloss, erklärt. Ich meine, es gibt eine viel einfachere Erklärung. Josef war offenbar viel älter als Maria. Er wird nur in der Kindheitsgeschichte erwähnt, nicht aber zum Zeitpunkt des öffentlichen Auftretens Jesu. Ich vermute, dass Josef verwitwet war, als er sich mit der sehr jungen Maria verlobte. Er wollte wohl für seine Kinder aus der ersten Ehe eine Mutter und Hausfrau haben. Jesus war in den Augen der Öffentlichkeit, und auch rechtlich gesehen, der Sohn Josefs, und er hatte in diesem Sinne tatsächlich eine Reihe von Geschwistern, eben die Kinder Josefs aus dessen erster Ehe.

---

[a] Wie bei fast allen Fragen gibt es auch in diesem Fall Theologen, die eine andere Meinung vertreten. Für die Heilsgeschichte wäre es nicht wesentlich, wenn Josef - nach der Geburt Jesu - Maria „erkannt" hätte und es dadurch leibliche Brüder Jesu gegeben hätte. Die Überlieferung spricht allerdings dagegen.

[b] Z. B. (BIBEL, 2016), S. 1140, Mt 13, 55-56.

Tim:

O.K. Das klingt plausibel. Aber ich kann mir nicht vorstellen, wie Maria einen Sohn gebären konnte, wenn sie eine Jungfrau war. Eine Tochter, gewissermaßen einen Klon, das könnte ich noch akzeptieren. Aber jeder Mann besitzt ein Y-Chromosom, das Frauen nicht haben. Maria hatte also nur das X-Chromosom. Wie kann der Hl. Geist daraus ein Y-Chromosom gemacht haben?

Sr. Paula:

Das weiß ich natürlich nicht, da müssten Sie den Hl. Geist selbst fragen. Allerdings lässt sich der Hl. Geist nicht gerne in die Karten schauen. Jedenfalls hat er es geschafft!

Im Ernst: Immer, wenn wir von Gott und seinem Wirken sprechen, müssen wir akzeptieren, dass nicht alles mit unserem menschlichen Verstand voll erfassbar ist. Hier zeigt sich eben, dass wir nicht Gott sind, sondern nur seine Geschöpfe.

Evolution in der Zielgeraden

Tim:

Der Hl.Geist spielt bei Ihren Überlegungen offenbar eine große Rolle, nicht nur bei der Zeugung Jesu. Sie sagten doch früher, dass Gott in seiner Schöpfung durch seinen Geist wirkt, um sie evolutionär zur Vollendung zu führen.

Mir wird jetzt klar, weshalb Sie auch sagten, die Überlegungen von Herrn Dr. Fausten würden mit Ihrer Glaubensüberzeugung gut harmonieren. Sie meinen offenbar, dass der Geist Gottes, der Hl. Geist, auf die geistige Seite des Kosmos, insbesondere wohl auf die Seelen der Menschen, einwirkt, um die Schöpfung zu dem von Gott gewollten Ziel zu führen?

Sr. Paula:

Ja, durchaus. Durch die Menschwerdung Gottes in Jesus Christus trat Gott in seine Schöpfung persönlich ein, er ist selbst ein Teil seiner Schöpfung geworden. Jesus, und in ihm Gott, ist ein Bruder aller Menschen geworden. Wir alle sind seine *Geschwister*, sind damit in Gottes unmittelbare Nähe gebracht, bereits etwas *vergöttlicht* worden. Gott muss als Schöpfer des Universums wohl auch als Ursprung des Geistigen im Kosmos angesehen werden. So sehe ich das jedenfalls, Dr. Fausten mag das anders sehen. Wenn aber der Ursprung des Geistigen im Kosmos selbst Teil dieses Kosmos wird, dann erkenne ich darin den höchsten Triumph des Geistigen über das Energetische. Die Evolution befindet sich, so möchte ich sagen, damit in der

Zielgeraden.

Tim:

Ich meine, dass ähnliche Auffassungen bereits im vorigen Jahrhundert ein katholischer Philosoph vertreten hat, dessen Name mir aber im Augenblick nicht einfällt.

Sr. Paula:

Sie meinen vermutlich Pierre TEILHARD DE CHARDIN (1881 - 1955). Er war Jesuit und Priester, in erster Linie aber war er Naturforscher. Er hatte Physik, Chemie, Geologie, Philosophie und Theologie studiert, und promovierte an der Sorbonne zum Doktor der Naturwissenschaften. Er wurde ein bedeutender Geologe, Paläontologe und Anthropologe und war u. a. an der Entdeckung des Peking-Menschen beteiligt. [a]

Sie haben natürlich recht. Teilhard hat wahrscheinlich als Erster den philosophischen Versuch unternommen, modernes naturwissenschaftliches Denken mit christlichen Grundüberzeugungen zu harmonisieren, ja in einer Synthese zu vereinigen. [b] Seine Arbeiten haben mein Denken sicher beeinflusst, obgleich ich ihm nicht in allem zustimmen kann.

---

[a] (WIKIPEDIA, 2015)

[b] Siehe z. B. (TEILHARD de CHARDIN, 1959).

Gott schuf durch seinen Sohn?

Tim:

Sr. Paula, Sie sagten vorhin, dass der Kosmos durch Jesus Christus geschaffen worden sei. Das habe ich noch nie gehört. Sie sagten auch, dass zwischen Christen, Juden und Moslems hinsichtlich des Wirkens Gottes als Urheber des Kosmos kein signifikanter Unterschied im Glauben bestehe. Das scheint mir ein Widerspruch zu sein, denn Juden und Moslems anerkennen Christus nicht als Gottes Sohn. Ich verstehe das alles nicht, können Sie mir das erklären?

Sr. Paula:

Ja, sie haben recht. Hinsichtlich dieses Details des Schöpfungsglaubens unterscheiden wir Christen uns von Juden und Moslems. Aber auch wir glauben ja, dass Gott-Vater, der Urheber allen Seins, auch der Schöpfer des Kosmos ist. Allerdings hat er das Schöpfungswerk *durch* seinen Sohn bewirkt, der, Milliarden Jahre später, selbst als Jesus von Nazareth ein Teil dieses Werkes wurde. Um diesen feinen Unterschied in der Glaubensauffassung besser zu verstehen, möchte ich Sie daran erinnern, dass Gott *die Liebe* ist. Vater, Sohn und Hl.Geist handeln grundsätzlich und stets in Einheit.

Das große Glaubensbekenntnis [a] drückt das so aus: „Wir glauben an den einen Gott, den Vater, den Allmächtigen, der alles geschaffen hat, Himmel und Erde, die sichtbare und die unsichtbare Welt. Und an den einen Herrn Jesus Christus, Gottes eingeborenen Sohn, aus dem Vater geboren vor aller Zeit, Gott von Gott, Licht vom Licht, wahrer Gott vom wahren Gott, gezeugt, nicht geschaffen, eines Wesens mit dem Vater; durch ihn ist alles geschaffen." [b]

Bildhaft könnte man das vielleicht so ausdrücken: Gott-Vater hat den Willen einen Kosmos zu schaffen. Daher will das auch der den Vater liebende Sohn und realisiert es im Namen und Auftrag des Vaters.

Tim:

Also ehrlich gestanden: Das verstehe ich nicht wirklich.

Sr. Paula:

Wenn wir eine Chance haben wollen, etwas von Gott und seinem Wirken zu verstehen, besser gesagt, zu erahnen, dann müssen wir uns immer der Grundtatsache voll bewusst sein: *Gott ist die Liebe*!

---

[a] Nizäano-Konstantinopolitanisches Glaubensbekenntnis, so genannt nach den Konzilien, auf denen es im 4.Jahrhundert formuliert wurde.

[b] (BISCHÖFE, 2013), S. 657.

Gott schuf aus Liebe

Liebe ist existenziell auf ein DU ausgerichtet, sie will ja aus ihrem Wesen heraus für das DU da sein, sich ihm hingeben. Das ist die Basis für die Dreifaltigkeit des einen Gottes: Gott-Vater, der Ursprung allen Seins, zeugt - als die „Urliebe" - den Sohn, sein unmittelbares, wesensgleiches DU. Für den Sohn ist das existenzielle DU der Vater. Beide gemeinsam sind in ihrer wechselseitigen Liebe ein WIR, dass sich im Hl. Geist manifestiert. Dieser ist, als WIR von Vater und Sohn, auch mit diesen wesensgleich.

Nach diesem theologisch-philosophischen Ausflug könnte man meinen, dass sich Gott in der Dreifaltigkeit voll genügt. Aber Gott-sei-Dank müssen *wir* sagen, ist Gott in seiner Liebe unendlich. Er ist immer grenzenlos, wir würden ja sonst nicht da sein.

Tim:

Wieso wären wir nicht da?

Sr. Paula:

Die wesentliche Botschaft Jesu, die er uns in seiner Menschwerdung vermitteln will, kann man so zusammenfassen:

Der dreifaltige Gott wollte ein sehr vielfältiges DU schaffen, an das er sich in Liebe verströmen kann. Ein vielfältiges DU, das an seinem göttlichen Leben

Anteil bekommen kann und soll.

Dieses DU, dieses Wesen, musste ihm ähnlich werden, musste liebesfähig sein, musste Gottes Liebe erwidern können: Es musste ein *Abbild* Gottes werden.

Diese Absicht wird im Buch Genesis, dem ersten Buch der Bibel, so ausgedrückt: „Dann sprach Gott: Lasst uns Menschen machen als unser Bild, uns ähnlich!" Die Aussage wird gleich darauf nachdrücklich wiederholt: „Gott erschuf den Menschen als sein Bild, als Bild Gottes erschuf er ihn. Männlich und weiblich erschuf er sie"[a].

Alles Sein geht vom Vater, dem Urheber allen Seins, aus. Aber der Vater wirkt nach außen über sein DU, über den Sohn. Das wird besonders schön im Prolog des Johannesevangeliums ausgedrückt: „Im Anfang war das Wort und das Wort war bei Gott und das Wort war Gott. Dieses war im Anfang bei Gott. Alles ist durch das Wort geworden und ohne es wurde nichts, was geworden ist". [b]

Der Evangelist Johannes, der Lieblingsjünger Jesu, verwendet für den Sohn Gottes, für das DU des Vaters, die Bezeichnung „Wort". Er will damit zum Ausdruck bringen, dass der Vater nach *außen*, also

---

[a] (BIBEL, 2016), S. 18, Gen 1, 26 - 27
[b] (BIBEL, 2016), S. 1226, Joh 1, 1-3

aus der Geschlossenheit der Dreifaltigkeit Gottes hinaus, über sein DU, über seinen Sohn mit uns kommuniziert. [a]

Tim:

Das war jetzt ziemlich viel Theologie und ich muss mir das erst durch den Kopf gehen lassen. Sie sind in der Theologie vollkommen zu Hause. Offenbar haben Sie Theologie studiert.

Sr. Paula:

Nein, ich bin keine Theologin. Mein Wissen, vielleicht sollte ich besser sagen, meine theologische Glaubensgrundlage, verdanke ich Vielen. Die Grundlage hat mir schon meine sehr gläubige Mutter mitgegeben. In der Oberstufe des Gymnasiums hatte ich das Glück, nicht nur einen sehr guten Religionslehrer, sondern auch einige andere Lehrer zu haben, mit denen wir Schüler innerhalb und außerhalb des Unterrichts über alles diskutieren konnten. Das war vielleicht die prägendste Zeit. Natürlich habe ich auch in der Folge jede Gelegenheit genützt, mich religiös weiterzubilden. Ich habe viele Gespräche mit meinem Beichtvater geführt und auch einige

---

[a] Diese Bibelstelle, die das Wirken Gottes, des Vaters, *durch* seinen Sohn in der Schöpfung deutlich ausspricht, ist eine der Grundlagen für die Formulierung des großen Glaubensbekenntnisses gewesen.

Kurse besucht, z. B. im Rahmen meiner Ausbildung zur Leiterin für Wortgottesdienste. Aber Theologin bin ich dadurch natürlich keineswegs geworden.

Tim:

Danke! Darf ich auf Ihre letzten Ausführungen zurückkommen. Offenbar meinen Sie tatsächlich, der ganze Kosmos sei nur entstanden, damit letztlich Menschen entstünden, die den Urheber des Kosmos lieben können. Ist das wirklich Ihre Meinung? Mussten wirklich Milliarden von Galaxien entstehen, die wir teils konkret nicht einmal beobachten können, nur damit auf einem kleinen Planeten eines mittelgroßen Sterns, unserer Sonne, einige Menschen leben? Das schiene mir doch ein recht komplizierter und aufwendiger Weg gewesen zu sein.

Sr. Paula:

Ich kann Ihnen nur zustimmen, der „Wirkungsgrad" scheint sehr klein zu sein. Aber Gott denkt offenbar nicht in Wirkungsgraden, er hat das einfach nicht notwendig. Er ist sicher sehr viel großzügiger, als wir auf Wirtschaftlichkeit angewiesene Menschen. Er kann es sich leisten! Im Übrigen weiß ich natürlich nicht, ob Gott mit der Schaffung des Kosmos nicht auch noch weitere Pläne hatte und hat. Sicher scheint mir zu sein, dass der Mensch als liebesfähiges Wesen *ein* Ziel der Schöpfung war und ist. Das schließt aber keineswegs aus, dass Gott noch andere Ziele hat.

Tim:

Mein Einwand von vorhin wurde von Ihnen noch nicht entkräftet: Ist das alles nicht unglaublich aufwendig im Verhältnis zum Erfolg? Hätte er das nicht einfacher machen können?

Der schwierige Weg zum Menschen als Abbild Gottes

Sr. Paula:

Das weiß ich nicht. Sicher aber ist: Die Schaffung eines Abbildes Gottes, eines Wesens, das lieben kann, das war wirklich ein ungeheuer großes Problem.

Liebe setzt zwingend einen freien Willen voraus! Damit ich jemanden lieben kann, muss ich die Möglichkeit haben, ihn nicht zu lieben, ihn eventuell sogar abzulehnen. Unfreiwillig kann man nicht lieben! Das Ziel der Schöpfung eines Abbild Gottes musste ein Wesen sein, das liebesfähig ist. Es musste also einen freien Willen besitzen und in der Lage sein, Gott als DU zu erkennen, ihn zu lieben, aber auch abzulehnen. Alles Geschaffene ist aber zunächst von seinem Schöpfer abhängig, also nicht frei, so einfach ging das also nicht.

Ich finde, dass die Methode, die sich Gott zur Lösung des Problems einfallen ließ, ungeheuer genial ist: Er schuf ein Universum, das zunächst gar nicht die geistige Kapazität hatte, die notwendig wäre, damit Gott vom Geschaffenen als DU erkannt werden konnte. Wohl aber besaß es in sich die Richtung, sich zu höherer Geistigkeit zu entwickeln. Ich folge hier durchaus den Überlegungen von Dr. Fausten.

Dr. Fausten:

Ich fürchte, Sie versuchen schon wieder, mich für Ihre Glaubensfragen zu vereinnahmen.

Sr. Paula:

Vereinnahmen will ich Sie nicht. Aber ich habe von Ihnen gelernt! Und ich hoffe, dass Sie mir erlauben, das Gelernte auch anzuwenden.

In der Evolution entstand, aufgrund der ihr innewohnenden Richtung der zunehmenden Komplexität, eine biologische Sphäre. In dieser waren und sind der Kampf um das Dasein und der damit verbundene Egoismus zwingend erforderlich. Mit diesem, in allen lebenden Wesen tief verwurzelten Egoismus, der das Gegenteil von Liebe ist, war die Alternative zur Liebe geschaffen. Damit war die grundsätzliche Voraussetzung vorhanden, dass sich Wesen für oder gegen die Liebe, für oder gegen das

DU des Schöpfers, entscheiden konnten. Jetzt erst begann mit einer verstärkten Entwicklung des Gehirns der Weg zum eigentlichen Ziel. Diese Entwicklung führte schließlich dazu, dass ein Wesen die Fähigkeit des Reflektierens und damit Bewusstsein bekam: Der Mensch war entstanden.

Dieses Wesen „Mensch" hatte und hat aufgrund seines komplexen Gehirns, im Unterschied zu seinen biologischen Vorfahren, die Fähigkeit, verschiedene Varianten des Handelns zu überlegen, bevor es handelt. Es kann sich für eine Variante entscheiden, und besitzt damit grundsätzlich einen freien Willen. Durch die Fähigkeit der Reflexion, des sich seines Seins bewusst sein, ergaben sich auch Fragen, die seine Ahnen im Tierreich nicht kannten.

Tim:

Was meinen Sie damit?

Sr. Paula:

Die Kulturgeschichte zeigt, dass sich die Menschen Fragen stellten, wie „Woher komme ich?", „Wozu bin ich?" und „Wohin gehe ich?". Das hängt damit zusammen, dass der Mensch als einziges Wesen um seine zeitliche Begrenztheit, um seinen sicheren Tod weiß. Verbunden damit ist die für das Mensch-Sein charakteristische Ahnung, dass es nach dem Tod eine weitere Existenz des Einzelnen gibt.

Die Menschen waren offenbar auch immer überzeugt, dass es neben der sichtbaren Umwelt unsichtbare geistige Kräfte gibt. Mit diesen versuchten sie
in Kontakt zu kommen und diese für sich gut zu
stimmen, um vor Unheil geschützt zu werden und
Erfolg im Leben zu haben. Diese Geisterwelt war
auch für die Existenz nach dem Tod von Bedeutung.

Ein deutliches Zeugnis dafür geben u. a. die bis zu
etwa 60.000 Jahre alten menschlichen Bestattungen,
die neben dem Skelett auch Speisen und Feuerstein-
geräte enthalten.

Die Höhlenmalereien, z. B. jene von Lascaux, die
teils mehr als 20.000 Jahre (manche vielleicht sogar
60.000 Jahre) [a] alt sind, haben bereits deutlich
religiösen Charakter. Darauf weist auch der Umstand hin, dass sie oft sehr schwer zugänglich, also
dem Alltag entzogen waren.

Im Laufe der Zeit entwickelten sich dann verschiedene Religionen. [b]

Der Mensch konnte und kann auch erkennen, dass er
für seine Entscheidungen einen inneren *Wegweiser*
besitzt: sein Gewissen. Dieser Wegweiser ermöglicht auch die Erkenntnis, dass er liebesfähig, dass er
zur Liebe berufen ist. Er kann auch erahnen, dass

---

[a] (WIKIPEDIA, 2018 b)
[b] Sehr viel mehr dazu in (KÖNIG, 1994 (1985))

Gott ihm als DU gegenübersteht. Andererseits hat er den Egoismus der Tierwelt aus seiner Evolutionsgeschichte in sich, der ihm ständig die Alternative zum Lieben nahe legt. So kann und muss er sich mit seinem freien Willen entscheiden.

Gewissen

Dr. Fausten:

Sie sagten soeben, der Mensch besitze ein Gewissen, wodurch er erkennen könne, zur Liebe berufen zu sein. Ich vermute, dass Sie damit ausdrücken wollen, Gott habe dem Menschen einen inneren Wegweiser gegeben, der ihn zu Gott, der die Liebe sei, führen soll. Ich verstehe, dass Sie diese Meinung der Kirche vertreten, aber können Sie mir eine Quelle für diese Behauptung nennen, die nicht kirchlich bedingt ist?

Sr. Paula:

Gerne! Ich berufe mich auf einen gewissen Dr. Anton Fausten. Er vertritt die Auffassung, dass es die Aufgabe jedes Menschen sei, *mehr Mensch* zu werden, d. h., alles zielstrebig weiterzuentwickeln, was das Wesentliche des Mensch-Seins ausmacht, was ihn vom Tier unterscheidet. Er soll sich *in Richtung der Evolution und nicht gegen diese entwickeln.* Zu diesem Mensch-Sein gehört, so sagt Dr. Fausten, wesentlich, durch freie Entscheidungen den Egoismus des Tierreiches persönlich zu über-

winden und sich uneigennützig für andere einzusetzen. Das ist aber genau das, was man Liebe
nennt!

Ich meine, dass der Mensch seine Aufgabe, *mehr
Mensch* und damit ein besser Liebender zu werden,
nur erfüllen kann, wenn in ihm evolutionär ein
Wegweiser vorhanden ist, der ihn dazu anleitet.
Dieser Wegweiser, den wir eben das Gewissen
nennen, weist in die Richtung der Evolution. Er
weist in Richtung zu mehr Mensch-Sein, zur Über-
windung des Egoismus, zur Uneigennützigkeit, zur
Liebe!

Dr. Fausten:

Eins zu null für Schwester Paula! Dennoch gebe ich
mich noch nicht geschlagen: Ich habe vor längerer
Zeit im Gebetbuch meiner verstorbenen Mutter eine
Anleitung zur Gewissenserforschung gelesen.
Meiner Erinnerung nach enthielt diese eine Unzahl
von Vorschriften, deren Einhaltung angeblich das
Gewissen verlangt. Ich kann nicht erkennen, wie
diese Vorschriftenflut evolutionär bedingt sein soll!

Sr. Paula:

Da haben Sie natürlich recht. Die meisten Menschen
wollen lieber in jeder Lebenssituation nach genauen
Vorschriften handeln, als selbst entscheiden zu
müssen, was richtig ist. Das macht offenbar auch

Gesetzesreligionen, wie den Islam, für Viele so anziehend.

Das mosaisch-christliche Grundgebot „Du sollst den Herrn Deinen Gott über alles lieben und deinen Nächsten wie dich selbst" klingt ebenfalls wie eine einzuhaltende Vorschrift. Es wurde auch oft so verstanden, obgleich das ein Widersinn in sich ist. Liebe ist nur in freier Entscheidung möglich! Letztere kann nicht durch die sklavische Einhaltung von Vorschriften ersetzt werden.

Dieses Grundgebot ist der *evolutionäre Wegweiser*, von dem wir sprachen:

- *Entwickle Dich in Richtung der Evolution, entwickle Dich zu einem Wesen, das dem Ziel der Evolution entspricht.*

Das mosaisch-christliche Grundgebot erhöht diesen Wegweiser um eine Erkenntnisstufe:

Das Ziel *deiner* Evolution ist dein eigentliches, endgültiges DU: Gott, der die Liebe ist! Daher die, um diese Erkenntnis, erweiterte Formulierung:

- *Werde ein Liebender, um dem Urquell der Evolution - Gott, deinem eigentlichen DU - auf dessen Liebe mit Liebe antworten zu können.*

Moses hat dann, dem Rechts- und Vorschriftsdenken seines Volkes entsprechend, diesen Wegweiser in 10 Gebote aufgeschlüsselt. Sie bieten Grundanweisungen für das Verhalten in den meisten

Lebenssituationen. Inzwischen kennen strenggläubige Juden 613 Gesetze, Gebote und Verbote, die das tägliche Leben genau regeln.

<u>Tim:</u>

Kann man sich die den überhaupt alle merken? Ich bin froh, dass ich sie mir nicht merken muss.

<u>Sr. Paula:</u>

Auch die katholische Kirche hat die mosaischen 10 Gebote Gottes durch 5 Gebote der Kirche ergänzt. Darüber hinaus wurden gerade in Beichtspiegeln, wie solche Anleitungen für die Gewissenserforschung oft genannt werden, die Gebote, im Hinblick auf diverse Lebenssituationen, detaillierter interpretiert. Das war sicher nicht gut, denn es hat den Blick auf das Wesentliche, auf den eigentlichen Wegweiser, behindert. Es hat eher dazu beigetragen, Menschen zu ängstlichen Sklaven von Formalvorschriften zu machen, statt sie Liebende werden zu lassen. Heute ist die theologische Richtung in der Kirche anders.

Sünde und Schuld

<u>Tim:</u>

Dennoch: Wer diese Vorschriften nicht befolgt, begeht eine Sünde. So habe ich das von der Schule in Erinnerung. Aber was bedeutet das eigentlich: „Sünde"?

Sr. Paula:

Ich will es auf Basis der Überlegungen von Dr. Fausten erklären. Der Mensch ist als einziges Wesen in der Lage, freie Entscheidungen zu treffen. Er kann daher sein Leben bewusst in Richtung der Evolution, in Richtung höherer Vergeistigung, in Richtung mehr Liebe, in Richtung mehr Mensch-Sein, orientieren. Sein innerer Wegweiser, von dem wir gerade gesprochen haben, zeigt ihm diesen Weg. Er kann aber diesen Wegweiser auch missachten. Er kann sich für ein Leben gegen die Richtung der Evolution, zurück in Richtung früherer Entwicklungsstufen, entscheiden.

Die grundsätzliche Richtungsentscheidung für sein Leben trifft der Mensch zumeist in vielen Einzelschritten. Diese gehen auch selten hundertprozentig in die eine oder andere Richtung. Aber jede Entscheidung gegen den inneren Wegweiser, gegen das Gewissen, ist eine Fehlentscheidung. Denn es ist die Aufgabe jedes Menschen seinen positiven Beitrag zur Evolution zu leisten. Darin liegt ein wesentlicher Teil des Sinns seines Lebens. Fehlentscheidungen reduzieren den Sinn seines Lebens. Sie machen das Leben nutzloser für die Gesamtevolution und damit sinnloser. Jeder ist ja ein Teil im Gesamtkonzept der Evolution des Kosmos. Ich hoffe, dass ich bis hierher mit Dr. Fausten übereinstimme.

Dr. Fausten:

Ja, ich kann Ihren Ausführungen voll zustimmen, sehe aber keinen Zusammenhang mit der Frage nach der „Sünde".

Sr. Paula:

Gott, und hier gehe ich über Dr. Fausten hinaus, ist der Schöpfer des Universums. Er liebt jeden Einzelnen und hat für jeden konkret, ganz im Sinne des gerade Gesagten, eine Aufgabe im Rahmen der Schöpfung, im Rahmen der Evolution, vorgesehen. Gott rechnet mit jedem. Jeder ist ein Teil im Gesamtkonzept Gottes mit seiner Schöpfung. Gott hat jeden Einzelnen als Mitschöpfer in die Evolution eingeplant.

Wer diese Aufgabe bewusst schlecht erfüllt, bleibt Gott, seinem Schöpfer gegenüber, das zu Leistende *schuldig*. Es ist eine *Schuld* Gott gegenüber. Die Schulden werden uns, wenn wir beim Endgericht Rechenschaft darüber ablegen müssen, was wir aus unserem Leben gemacht haben, belasten. Sie sind die Folge unserer Fehlentscheidungen, die Entscheidungen gegen Gottes Willen waren. Diese Fehlentscheidungen werden als Sünde bezeichnet.

Tim:

Was ich nicht verstehe: Das Geistige hat, so Dr. Fausten, immer das Bestreben sich zu vergrößern. Daher hat ja die Evolution die Richtung zu steigender Vergeistigung. Wie ist es dennoch möglich, dass der Mensch sich gegen diese Richtung wendet, wenn sie ohnehin „automatisch" in Richtung Vergrößerung geht?

Dr. Fausten:

Sie scheinen mich nicht ganz verstanden zu haben. Die Beobachtung zeigt zwar diese generelle Richtung in der Evolution, aber sie zeigt keineswegs, dass dieses Prinzip im Einzelnen immer erfüllt wird. Ganz im Gegenteil: Beobachtbar ist ein ständiges Entstehen und Vergehen von Geistigem. Das beste Beispiel sind alle Lebewesen. Sie entstehen, leben einige Zeit, und sterben schließlich. Die anschließende Verwesung zerstört jenen Teil der geistigen STRUKTUR, der das Wesentliche des Lebewesens war. Es entsteht also ständig Geistiges, aber es wird auch ständig Geistiges zerstört.

Tim:

Wenn die Zerstörung von Geistigem ein normaler Vorgang in der Natur ist, was ist es dann so Besonderes, wenn ein Mensch das Gleiche tut?

Dr. Fausten:

Da ist schon ein Unterschied. Nur der Mensch kann sich bewusst für oder gegen die Richtung der Evolution entscheiden. Er kann, zwar nur beschränkt aber doch, den Lauf der Dinge aktiv beeinflussen. Daher ist es grundsätzlich auch für die Gesamt-evolution von Bedeutung, welche Richtung er ge-wählt hat. Der Mensch kann diese Zerstörung des Geistigen *aktiv* durch sein Leben herbeiführen. Alle anderen Wesen müssen sie *passiv* hinnehmen, sie „erleiden" sie nur.

Das Böse in der Welt

Tim:

Vielleicht darf ich meine Frage etwas anders stellen: Wieso gibt es denn das überhaupt, dass sich Menschen für eine Reduktion oder Zerstörung von Geistigem entscheiden? Sie haben doch, wie wir festgestellt haben, einen inneren Wegweiser, der in die Richtung der Evolution weist.

Dr. Fausten:

Das ist eine ethisch-moralische Frage, dafür bin ich nicht zuständig. Vielleicht kann Sr. Paula dazu etwas sagen.

Sr. Paula:

Ihre Frage betrifft das Böse in der Welt und wieso es dieses gibt. Zu dieser Frage möchte ich zwei Aussagen aus der Weltliteratur zitieren. GOETHE (1749 - 1832) hat dieses Böse in seinem zentralen Drama „Faust", an dem er Jahrzehnte gearbeitet hat, in der Figur des Mephisto personifiziert. Dieser sagt von sich selbst:

„Ich bin der Geist, der stets verneint!

Und das mit Recht; denn alles, was entsteht,

Ist wert, dass es zugrunde geht;

Drum besser wär's, dass nichts entstünde.

So ist denn alles, was ihr Sünde,

Zerstörung, kurz das Böse nennt,

Mein eigentliches Element." [a]

Hier wird recht klar das Böse als jener Geist beschrieben, der der Entstehung von Geistigem entgegen gerichtet ist.

Carl ZUCKMAYER (1896 - 1977) erlaubt uns eine weitere Sicht. Im Drama „Des Teufels General" sagt seine Hauptperson, der Fliegergeneral Harras, zu Hartmann, der ihn gefragt hatte, ob er an Gott glaube: „Ich weiß es nicht. Er ist mir nicht begegnet. Aber das lag an mir. Ich wollte ihm nicht begegnen.

---

[a] (GOETHE, 1871), Bd.11, S.30/31, FAUST, 1.Teil, Studierzimmer

Er hätte mich - vor Entscheidungen gestellt - denen ich ausweichen wollte … Ich kenne ihn nicht. Aber ich kenne den Teufel. Den hab ich gesehen - Aug in Auge. Drum weiß ich, dass es Gott geben muss. Mir hat er sein Angesicht verhüllt. Dir wird er begegnen". [a]

Goethe lässt uns das Prinzip, den Geist des Bösen erkennen, Zuckmayer sagt uns, dass dieser konkret in Menschen wirkt und deren Denken und Handeln bestimmen kann.

Tim:

Und woher kommt dieses Böse, wie ist es entstanden? Das Geistige ist auf Vergrößerung ausgerichtet, so sagten Sie doch, Herr Dr. Fausten. Wie kann Geistiges entstehen, dass diesem entgegen gerichtet ist?

Dr. Fausten:

Ich weiß es nicht. Können sie, Sr. Paula, dazu etwas sagen?

Sr. Paula:

Wenn Sie fragen, ob es eine dogmatische Lehre der Kirche dazu gibt, muss ich passen. Das Böse, der Satan, der Teufel wird in der Bibel, sowohl im Alten, als auch im Neuen Testament, oft genannt.

---

[a] (ZUCKMAYER, 1973), S.141.

Man kann also sagen, dass die Existenz des Bösen biblisch ein Faktum ist.

Es gibt auch eine kirchliche Lehre über den Teufel. Dieser sei ein von Gott geschaffener guter Engel, der durch sich selbst schlecht geworden sei. [a] Er wurde daher, samt seinen Mitstreitern, aus dem Himmel in die Hölle gestürzt. Dieser „Höllensturz" wird auch in manchen Kunstwerken dargestellt. Die dogmatischen Aussagen zum ganzen Fragenkomplex sind nicht ganz eindeutig, in der Bibel ist dazu wenig zu finden. [b]

Ich möchte daher auf die Frage, wer oder was der Teufel, der Satan ist, nicht weiter eingehen, da ich dazu nichts sagen könnte.

Ich kann Ihnen nur meine persönliche Auffassung hinsichtlich des Bösen im Sinne des Mephisto oder des Teufels bei Zuckmayer darlegen.

Wenn wir an Zuckmayers General denken: Den Teufel, den hatte er gesehen - Auge in Auge. Nur in Menschen kann das Böse Gestalt annehmen, sich realisieren. Wirksam kann das Böse nur sein, wo es Menschen gibt. Nur der Mensch kann sich für oder gegen etwas entscheiden. Nur er hat einen freien Willen. Das Böse ist auf die Freiheit des mensch-

---

[a] IV. Laterankonzil, (NEUNER-ROOS, 1971), S.188, RZ 295.
[b] Mehr dazu in (KASPER, 2006), Bd.9, „Teufel", S. 1360 ff.

lichen Willens angewiesen. Es kann erst dadurch wirksam werden, man könnte sagen, es realisiert sich erst, wenn und wo sich ein Mensch entschließt, gegen seinen inneren Wegweiser, gegen sein Gewissen zu handeln, das ihn im Sinne der Evolution führen möchte.

Tim:

Das klingt logisch, erklärt aber nicht, weshalb eine solche Entscheidung überhaupt möglich ist.

Sr. Paula:

Durch den freien Willen! Sie ist eine Folge des freien Willens. Der Mensch liebt die Freiheit, die sich in der Freiheit seines Willens manifestiert. „Des Menschen Wille ist sein Himmelreich". [a] Man kann das schon an jedem Kind beobachten.

Der Mensch, und hier meine ich ihn prinzipiell, konnte und kann aber die Freiheit seines Willens nur erkennen, wenn er sich entschließt, anders zu handeln, als es naheliegend, also vom Gewissen vorgeschlagen, ist. Er *erlebt* im Grunde die Freiheit seines Willens erst, wenn er die Möglichkeit ausprobiert, sich zurück in die Richtung früherer Stadien der Evolution zu entwickeln. Das fällt auch nicht schwer, denn alle Schritte in Richtung mehr

---

[a] (HEINSE, Johann J.W.)

Mensch-Sein erfordern mehr Mühe, als die Alternative. Jede Veränderung - und „mehr Mensch-Sein" bedeutet Veränderung - ist immer und überall aufwendiger als Beharren im Vorhandenen.

In der Genesis sagt die Schlange zur Frau: "Sobald ihr davon esst, gehen euch die Augen auf; ihr werdet wie Gott und erkennt Gut und Böse." [a] Diese Erkenntnis von Gut und Böse bedeutet ja das Erleben der Freiheit des eigenen Willens. Der Freiheit, zwischen Gut und Böse, zwischen Richtung der Evolution und Gegenrichtung, zwischen mehr und weniger Mensch-Sein wählen zu können. [b] Und damit sich auch für oder gegen den Willen Gottes, des Schöpfers, entscheiden zu können.

Tim:

Kann ich nachvollziehen. Aber wie soll aus einer Einzelentscheidung das Böse schlechthin, wie es Goethe im Mephisto personifiziert, entstanden sein?

Sr. Paula:

Wieder möchte ich mit einem Zitat aus der Weltliteratur beginnen. „Das eben ist der Fluch der bösen

---

[a] (BIBEL, 2016), S. 19, Gen 3,5.

[b] Man könnte das sogar als den eigentlichen Übergang vom Tier-Sein zum Mensch-Sein betrachten. Das Bewusstwerden des eigenen Willens ist die Geburtsstunde des „Ich", des Selbstbewusstseins, der „Person".

Tat, dass sie, fortzeugend, immer Böses muss gebären", lässt Friedrich SCHILLER (1759 - 1805)
Octavio Piccolomini zu seinem Sohn Max sagen. [a]
Der Dichter drückt in diesem kurzen Satz eine tiefe
Erkenntnis aus: Was immer wir tun, denken, aber
auch unterlassen, obgleich wir meinen, es tun zu
sollen, hat Konsequenzen. Es bleibt nicht Privatan-
gelegenheit! Das gilt auch, und vielleicht sogar ganz
besonders, für unseren persönlichen Widerstand
gegen die Evolution, gegen unsere Aufgabe, mehr
Mensch zu werden. Jede böse Tat, jeder böse Ge-
danke, wird zu einem Teil des Bösen schlechthin. Es
trägt zum Bösen in der Welt bei.

Dass auch Gedanken allein weitreichende Folgen
haben können, zeigten dramatisch Marxismus,
Nationalsozialismus und einige Philosophien, die im
Zusammenhang mit der Bewegung des Jahres 1968
entstanden.

Das Böse im Sinne des Mephisto existiert tatsächlich
und wirklich, es ist kein Ammenmärchen. Es lebt in
und durch jeden von uns! Es ist aus dem
systematischen Widerspruch des Menschen gegen
den Schöpfer entstanden. Wir sind ja Mitwirkende
an Gottes Schöpfung, an der Evolution. Unser freier

---

[a] (SCHILLER, 1953), 1. Band, S. 727, Wallenstein - Die
Piccolomini, 5. Aufzug, 1. Auftritt.

Wille hat dabei auch das Böse, den Geist, der stets verneint, den Geist, der zerstört, den Geist wider den Geist, hervorgebracht.

Der biblische Satan, der offenbar als ein rein geistiges Wesen zu verstehen ist, das den Willen hat, das Böse in der Welt zu fördern, findet sicher viele Möglichkeiten, Menschen dabei in ihren Willensentscheidungen zu beeinflussen.

Tim:

Danke, Sr. Paula! Das war jetzt viel Philosophie. Aber ich habe Sie mit meinen Fragen provoziert und wohl auch sehr beansprucht. Ich möchte daher jetzt eine Frage an Herrn Dr. Fausten richten: Ist die Auffassung von Sr. Paula, der Kosmos sei zumindest primär geschaffen, damit wir Menschen entstehen konnten, mit den naturwissenschaftlichen Beobachtungen kompatibel?

266

Anthropisches Prinzip

Dr. Fausten:

Ihre Frage betrifft das sogenannte Anthropische Prinzip. Diese wird unter Naturwissenschaftlern lebhaft und teils recht kontroversiell diskutiert. [a]

Es ist eine Tatsache, dass wir Menschen existieren und als intelligente Wesen die Natur beobachten können. Es gibt eine Reihe merkwürdiger Fakten, die alle Voraussetzung für die Entstehung des intelligenten Lebewesens Mensch, der die Natur beobachtet, waren bzw. sind. Diese Fakten sind naturwissenschaftlich nicht erklärbar, da ihre Existenz extrem unwahrscheinlich ist. Das in den naturwissenschaftlichen Modellen der Evolution des Kosmos übliche Prinzip von *Zufall und Notwendigkeit* liefert dafür keine Erklärung.

Es gibt nun verschiedene Erklärungsversuche für dieses *Anthropische Prinzip*, also für die Tatsache, dass diese unwahrscheinlichen Fakten existieren und dass der Mensch sie beobachten kann.

Das *allgemeine* Anthropische Prinzip besagt, dass das Universum eben jene Eigenschaften besitzen *muss*, die Voraussetzung für die Existenz des beobachtenden Menschen sind. Diese Formulierung ist

---

[a] (WIKIPEDIA, 2017 f)

trivial und trägt zur Frage, weshalb diese Fakten bestehen, nichts bei.

Nach dem *schwachen* Anthropischen Prinzip ging die Evolution, aus welchen Gründen immer, an den Scheidewegen stets jene Wege, die letztlich zum Beobachter der Natur, dem Menschen, geführt haben. Wieso das, trotz der extremen Unwahrscheinlichkeit, der Fall war, bleibt zunächst eine offene Frage.

Das *starke* Anthropische Prinzip besagt, dass die Evolution diese Wege gehen *musste, damit* der Mensch entstehen konnte; es postuliert somit den Menschen als Ziel der Evolution. Sr. Paula wird vermutlich diesem starken Anthropischen Prinzip zuneigen; der Großteil der Naturwissenschaftler findet daran keinen Gefallen. Letzteres hat auch weltanschauliche Gründe. Wer das starke Anthropische Prinzip akzeptiert, ist nahe am Bekenntnis, dass der Kosmos mit seiner Evolution von einer höheren, außerhalb der Natur stehenden, Macht beeinflusst wird. Seit Galilei sind die meisten Naturwissenschaftler aber sehr darauf bedacht, jeden Zusammenhang, ja jede Nähe ihres Arbeitsgebietes, mit der Theologie, also auch mit der Frage nach einem eventuellen Schöpfer des Universums, zu vermeiden. Wer diese Grenze in Frage stellt, riskiert vom naturwissenschaftlich orientierten Mainstream der scientific community ausgeschlossen, nicht ernst genommen oder totgeschwiegen zu werden.

Es gibt einige Versuche, das *schwache* Anthropische Prinzip plausibel zu machen. Allen gemeinsam ist, dass sie mit dem Grundprinzip der naturwissenschaftlichen Arbeit, nur für wahr zu halten, was beobachtbar sei, kollidieren. Es handelt sich durchwegs um unüberprüfbare Hypothesen mit z. T. sehr spekulativen Annahmen.

Die Multiversenhypothese postuliert die Existenz von unendlich oder zumindest beliebig vielen unabhängigen Universen, in denen jeweils anderen Bedingungen, eventuell auch andere Naturgesetze gelten. Wir sind rein zufällig in jenem dieser Universen, das für die Entwicklung zum Menschen geeignet ist. Bei unendlich vielen Universen muss es statistisch auch zumindest eines geben, das dem unseren entspricht.

Eine weitere Hypothese geht davon aus, dass es zwar nur unseren Kosmos gibt, dieser aber unendlich - und das im mathematischen Sinne - groß ist. In diesem hätten dann wieder beliebig viele Teiluniversen Platz, die jeweils verschiedene Bedingungen und ev. auch Naturgesetze haben. Wiederum leben wir in einem Teiluniversum, das zufällig - was bei unendlich vielen Teiluniversen mathematisch zur zwingenden Notwendigkeit wird - jene Eigenschaften besitzt, die dem Anthropischen Prinzip Genüge tun. Eine weitere Variante der letzteren Hypothese behauptet, dass sogar ständig neue Universen in unserem Kosmos aus dem Nichts entstehen könnten. [a]

Tim:

Diese Thesen werden, wenn ich recht informiert bin, auch von hochrangigen Wissenschaftlern, z. T. Nobelpreisträgern, vertreten. Wie ist das möglich?

Dr. Fausten:

Ja, es ist verwunderlich, dass sonst sehr streng denkende, hochintelligente Naturwissenschaftler viel Energie in die Begründung solcher wenig plausiblen Hypothesen investieren. Wessen Denken vom darwinschen Paradigma von *Zufall und Notwendigkeit* geprägt ist, für den ist das starke Anthropische Prinzip nicht akzeptabel, denn es widerspricht eben diesem Paradigma. Daher ist er bereit viel zu tun, um eine Erklärung auf Basis des darwinschen Paradigmas zu finden.

Tim:

Was ist Ihre persönliche Ansicht zur Frage des Anthropischen Prinzips?

---

[a]   Zum Thema siehe z. B. (THIRRING, 2004), (OBERHUMMER, 2008).

Dr. Fausten:

Ich habe mich zu wenig damit befasst, um eine fundierte Meinung haben zu können. Die Erkenntnis, dass das Geistige in der Natur bestrebt ist, seine Bedeutung in Relation zum Energetischen zu erhöhen, könnte wahrscheinlich zumindest teilweise die Phänomene plausibel erklären. Geistiges ist nicht dem Schema von *Zufall und Notwendigkeit* unterworfen. Daher könnte diese Erkenntnis einen Weg zur Erklärung des Anthropischen Prinzips weisen.

Evolution in der Bibel

Tim:

Nach meiner Erinnerung schildert die Bibel die Schöpfung in der Reihenfolge: zuerst die unbelebte Natur, dann Pflanzen und Tiere und schließlich den Menschen. Diese Reihenfolge entspricht auch unserer heutigen naturwissenschaftlichen Erkenntnis, die aber der Autor der Bibel nicht gehabt haben kann. Meinen Sie, Sr. Paula, dass diese fast evolutionäre Schilderung in der Bibel mit dem von Ihnen geschilderten Weg zur Schaffung eines liebesfähigen Wesens zusammenhängt?

Sr. Paula:

Diese Ähnlichkeit zwischen unserem heutigen Wissen und der biblischen Schöpfungsgeschichte ist tatsächlich auffallend. Soweit ich weiß, unterscheidet sich die Bibel in dieser Hinsicht grundsätzlich von den Schöpfungsmythen anderer alter Kulturen.

Ich vermute, dass der Autor dieses biblischen Berichts intuitiv die geistige Entwicklungsrichtung erkannt hatte. Er wollte diese in einer seiner Zeit und seiner kulturellen Situation entsprechenden bildhaften Sprache zum Ausdruck bringen. Ein Schöpfungsbericht, nach dem Gott alles fix und fertig, belebt und unbelebt, mit Pflanzen, Tieren und Menschen, auf einmal geschaffen hätte, wäre wohl einfacher und naheliegender gewesen.

Der biblische Text weist mit seinen Zeitangaben - es wurde Abend und es wurde Morgen - ausdrücklich darauf hin, dass die Schöpfung nicht nur in aufeinanderfolgenden Abschnitten stattfand, sondern dass sie auch längere Zeiträume erforderte. [a] In gewissem Sinne ist das bereits tatsächlich ein evolutionäres Denkmodell. Man darf das natürlich nicht mit unserem heutigen, naturwissenschaftlich geprägten, Denken vergleichen. Sicher ist, dass der Autor der Bibel die Entstehung von allem nicht naturwissenschaftlich beschreiben wollte. Sein Anliegen war, das Wirken Gottes als Ursprung allen

---

[a] (BIBEL, 2016), S. 18, Gen 1,1 - 31.

Seins zum Ausdruck zu bringen.

Tim:

Sie folgen, wie Sie selbst sagten, in vieler Hinsicht den Überlegungen von Dr. Fausten. Ist das, was sie sagen, auch die offizielle Meinung der Kirche?

Sr. Paula:

Sie haben recht. Die Überlegungen von Dr. Fausten haben mir klare Antworten auf viele Fragen gegeben, die ich zuvor nur gefühlsmäßig oder gar nicht beantworten konnte.

Das kirchliche Lehramt, auf das sich Ihre Frage wohl bezieht, ist für Detailfragen in diesem Bereich nicht zuständig. Natürlich gibt es grundsätzliche Aussagen dazu, z. B., dass alles Geschaffene von Gott stammt, dass der Mensch die Freiheit hat, sich für Gott oder gegen ihn zu entscheiden usw. Aber eine offizielle Meinung der Kirche, gewissermaßen eine Dogmatik zu den detaillierten Fragen, gibt es nicht. Es liegt im Verantwortungsbereich jedes Einzelnen, sich hier eine Meinung zu bilden.

Tim:

Ich möchte auf Ihre Ausführungen, betreffend das Wirken des Geistes Gottes in der Welt, zurückkommen. Da scheint mir tatsächlich zwischen Ihren Glaubensvorstellungen Sr. Paula und den Vorstellungen von Dr. Fausten über die STRUKTUR der Materie, eine Brücke möglich zu sein. Allerdings ergibt sich dabei für mich ein Problem: Wenn Gottes Geist auf die Menschen einwirkt, um sie offenbar nach Gottes Willen zu führen, wie soll dann der Mensch noch einen freien Willen haben? Ich nehme an, dass der Geist Gottes an der Allmacht Gottes Anteil hat. Er ist also auch allmächtig. Ich vermute daher, dass ein allfälliges Einwirken des Geistes Gottes auf den Menschen übermächtig wirken müsste. Es würde daher den Menschen in die von Gott gewünschte Richtung zwingen. Widerspricht dieses Einwirken des Geistes Gottes daher nicht der menschlichen Freiheit, die Sie doch betonen?

Gott und die Freiheit
Sr. Paula:

Keineswegs. Würde Gottes Geist die Freiheit des Menschen einengen, wäre das kontraproduktiv, denn: *Ohne Freiheit gibt es keine Liebe!* Gottes Geist will den Menschen zur Liebe *führen!*

Ihr Problem entsteht durch die Annahme, dass Gott seine Allmacht dazu nutzt, seinen Willen stets und überall durchzusetzen. So würden wir Menschen vielleicht aufgrund unseres Egoismus handeln. Gott ist anders! Ich sagte schon: Gott ist die Liebe schlechthin. Daher liebt Gott auch seine Schöpfung. Man kann sogar annehmen, dass Gott das Universum mit all seiner Vielfältigkeit aus Liebe geschaffen hat. Gott liebt insbesondere die Menschen, jeden Einzelnen, unabhängig von seinen Eigenschaften und Fehlern. Denn die Liebe liebt das Du, so wie es ist, sie respektiert grundsätzlich die Eigenheiten des Du.

Das sollte übrigens auch für die Liebe unsererseits zu unseren Mitmenschen gelten: Wir sollten sie so lieben, wie sie sind, nicht irgendein idealisiertes Wunschbild. Das wäre keine echte Liebe.

Gott liebt also jeden von uns, so wie er ist. Das heißt nicht, dass ihm alles gefällt, was wir denken und tun. Er ist nicht mit allem einverstanden. Aber er respektiert es, weil er uns liebt. Er versucht aber auf unterschiedliche Weise, insbesondere über unser Gewissen, uns den Weg zu unserem Ziel zu weisen: Ein wahrer Mensch, ein möglichst gutes Ebenbild Gottes zu werden.

Aber dabei kann und will er keinerlei Zwang anwenden. Er muss uns unsere Freiheit lassen, da wir sonst keine Liebenden würden. Unser Weg zu ihm, zur Liebe, muss in innerer Freiheit erfolgen.

Tim:

Was Sie sagen, wird in sich logisch sein. Es ist aber keine Lösung für mein Problem. Ich verstehe einfach nicht, wie der Mensch freie Entscheidungen treffen soll, wenn ihn Gott ständig beeinflusst?

Sr. Paula:

Vielleicht hilft Ihnen ein Vergleich:

Sie haben vermutlich in Ihrem Auto ein Navigationssystem. Nachdem Sie Ihr Ziel eingegeben haben, gibt Ihnen das System an, wie Sie am besten zu diesem Ziel gelangen. Wenn Sie sich nicht an die Anweisungen des Systems halten und z. B. an einer Stelle abbiegen, an der Sie geradeaus fahren sollten, bittet die Stimme aus dem Lautsprecher zunächst: „Wenn möglich, bitte wenden". Ignorieren Sie diesen Hinweis, sucht das Programm rasch eine Möglichkeit, wie Sie, trotz der Abweichung von der Idealroute, nun auf einem Umweg, gut an Ihr Ziel kommen können. Es schlägt Ihnen diesen neuen Weg vor. Sollten Sie von der nun empfohlenen Route neuerlich abweichen, wiederholt sich der Prozess. Sooft Sie auch, absichtlich oder unabsichtlich, von den Empfehlungen abweichen, das Navigationssystem wird nicht müde, neue Wege zu Ihrem Ziel zu suchen. Es lässt Ihnen aber jede Freiheit, anders zu fahren, als es am günstigsten wäre.

Gott sagt uns durch unser Gewissen immer wieder, [a] wie wir, ausgehend von unserer momentanen Situation, einen neuen Weg zu unserem Lebensziel finden können. Er tut das unabhängig davon, wie wir in diese Situation, auch durch Selbstverschulden, gekommen sind. Freilich setzt das voraus, dass wir auf unser Gewissen hinhören, dass wir unser persönliches Navigationssystem nicht ausschalten! Aber Gott nützt seine Allmacht niemals, um aus uns Menschen Marionetten zu machen. Das entspräche nicht einer liebenden Beziehung und widerspräche daher dem Wesen Gottes, der ja die Liebe schlechthin ist. Nein, Gott lässt uns volle Freiheit, damit auch wir Liebende und damit ihm ähnlich werden können.

Tim:

Sie gehen in Ihrer Argumentation ständig davon aus, dass Gott „die Liebe" sei. Diese philosophische oder theologische Annahme scheint mir sehr gewagt zu sein, wenn ich an das ungeheure Elend denke, von dem unsere Welt übervoll ist.

---

[a] Gott kennt verschiedene Wege, um unser Gewissen - unsere innere Stimme - zu beeinflussen.

Gott und das Leid

Sr. Paula:

Dass Gott die Liebe ist, ist keine philosophische Annahme, wie Sie meinen, sondern Glaubenswahrheit aufgrund der Evangelien. Sie ist ein wesentlicher Teil, ja die zentrale Aussage der Offenbarung, die wir durch Jesus Christus über Gott erhalten haben. Jesu Botschaft ist vor allem eine Botschaft vom Vater im Himmel, der jeden Einzelnen liebt und für ihn sorgt.

Tim:

Warum lässt er dann all das Unheil und Leid zu, wenn er uns liebt und allmächtig ist?

Sr. Paula:

Diese Frage, die Theodizee, [a] hat schon viele beschäftigt. Ihre Frage ist eine zweifache Frage. Ich will versuchen beide Teile getrennt zu betrachten.

Zunächst also zur Frage, weshalb Gott Unheil zulässt. Auch hier muss man unterscheiden: Es gibt einerseits Unheil, dass offensichtlich von Menschen verursacht wird, etwa alles Unheil im Zusammenhang mit Kriegen. Hier ist die Antwort recht klar: Gott respektiert den freien Willen der Menschen, er kann und darf sich daher nicht überall einmischen.

---

[a] (DIGEL, et al., 1981), Bd.22, S. 70.

Andererseits gibt es auch sehr viel Unheil, wie Krankheiten, Unwetter, Erdbeben usw., deren Ursachen nicht in der menschlichen Verantwortung liegen. Sie sind gewissermaßen naturgegeben. Dieses „Unheil" ist tatsächlich Teil der Natur, es gehört zu den natürlichen Abläufen. Wir sind eben auch ein Teil dieser Natur, wehren uns aber innerlich gegen diese Vorgänge, weil sie unsere eigenen Pläne stören. Wir möchten diese Seite der Natur, zumindest für uns, abschaffen. Tatsächlich ist uns das zum Teil bereits recht gut gelungen. Und wo wir es trotz der großen Erfolge in Technik, Medizin etc. noch nicht geschafft haben, da beschweren wir uns dann, dass Gott nicht als „Deus ex Machina" [a] in das Naturgeschehen eingreift, wie wir es gerne hätten. Aber Gott ist kein „Deus ex Machina", der unsere Probleme löst. Er respektiert seine evolutionär gewordene Schöpfung, so wie sie ist.

Tim:

Sie machen ja gerade so, als müssten wir glücklich und dankbar sein, wenn uns Naturkatastrophen treffen. Diese gehören ja zu uns als Teil der Natur …

---

[a] Der Begriff „Deus ex Machina" wurde für die Lösung von menschlich unlösbaren Problemen durch das Eingreifen einer Gottheit in Theaterstücken der alten Griechen geprägt. (WIKIPEDIA, 2017d).

Sr. Paula:

Nein, das meine ich sicher nicht. Soweit wir es beeinflussen können, sind wir sogar aufgerufen, im Sinne einer positiven, also vergeistigenden Evolution, dieses Unheil abzuwenden. So verstehe ich den Auftrag in der Genesis, dass wir uns die Erde unterwerfen sollen. [a] Und wir tun das ja auch, wie ich schon sagte, mit großem Erfolg. Aber wir müssen auch zur Kenntnis nehmen, dass wir in dieser Natur leben und ein Teil von ihr sind.

Und damit komme ich zum zweiten Teil Ihrer Frage, der Frage nach dem Leid.

Darauf gibt es keine einfache Antwort, es bleibt im Letzten ein Geheimnis.

Das Leid gehört offensichtlich zum menschlichen Leben dazu. Unser *zentrales* Leid ist ja das Wissen um die zeitliche Begrenztheit dieses Lebens, um unseren sicheren Tod. Dieses Wissen liegt wie ein Schatten über all unserem Tun. Nur der Mensch weiß um die zeitliche Begrenztheit seines Lebens, Tiere wissen das nicht. Dieses Wissen setzt das menschliche Gehirn voraus, ist eine Folge der Reflexion, ist eine geistige Erkenntnis. Insofern ist Leiden *im tieferen Sinn* eine Eigenschaft des Mensch-Seins. Es ist eine Frucht vom „Baum der

---

[a] (BIBEL, 2016), S. 18, Gen 1, 28.

Erkenntnis", von unserer Fähigkeit *nachzudenken*.

Tim:

Sind Sie denn der Ansicht, dass Tiere nicht leiden können?

Sr. Paula:

Ich nehme an, dass sich tierisches *Leid* auf das Ertragen von Schmerzen bezieht. Solche dürfen vom Menschen nicht unnötig verursacht werden. Das verbietet uns schon der Respekt vor Gottes Schöpfung. Mit Recht kämpfen Tierschützer dagegen.

Und selbstverständlich gilt das erst recht für Menschen. Man darf nicht nur niemand Anderem unnötig Schmerzen verursachen, wir müssen auch dafür sorgen, dass unvermeidbare Schmerzen gelindert werden. Die Medizin kennt heute schon recht viele Schmerztherapien.

Wovon ich spreche, ist das Leid *im tieferen Sinne*. Damit meine ich nicht das tägliche Leid, für das es Lösungsmöglichkeiten gibt: Armut, Einsamkeit, Lieblosigkeit … Da sind wir aufgerufen, alles in unserer Macht Stehende zu tun, um Abhilfe zu schaffen.

Ich meine jenes Leid, das uns meist plötzlich seelisch, existenziell trifft. Jenes Leid, das über uns hereinbricht, unsere Existenz in Frage stellt, uns in eine tiefe seelische Krise der Sinnlosigkeit stürzen kann. Eine unheilbare schwere Krankheit, der tödliche Unfall eines Kindes, der Verlust der materiellen Lebensbasis durch Arbeitsunfähigkeit aufgrund eines Unfalls … Leid, in dem keinerlei Sinn erkennbar ist, das keine Hoffnung erlaubt, das unsere ganze Existenz sinnlos erscheinen lässt.

Wenn wir von diesem *tieferen, menschlichen* Leid sprechen, sollten wir uns erinnern, dass wir ein Teil der Evolution sind. Unser Leben auf dieser Welt findet in einer *Phase* der Evolution des Kosmos statt, die nicht die letzte Phase ist.

Nun wird mir Dr. Fausten wahrscheinlich nicht mehr folgen, denn was ich jetzt sage, ist nicht naturwissenschaftlich überprüfbar, sondern Glaube aufgrund der Offenbarung Gottes. Auch unser Leben auf dieser Welt stellt nur eine *Phase* in unserer *persönlichen Evolution* statt. Unser physischer Tod beendet die jetzige Phase und führt uns in die nächste, letzte Phase hinüber.

Damit kommen wir zurück zur Frage der leiblichen Auferstehung. Das mit dieser verbundene neue Leben setzt eine Welt voraus, in der wir wirklich leben können. Tatsächlich erwarten wir Gottes

Verheißung gemäß, *einen neuen Himmel und eine neue Erde, in denen die Gerechtigkeit wohnt.* [a]

Es ist sicher nicht die Welt, in der wir derzeit leben und die wir jetzt naturwissenschaftlich beobachten. Wie sie genau beschaffen sein wird, wissen wir nicht. Aber wir wissen, dass wir in dieser neuen Welt Gott ganz nahe sein werden: *Seht die Wohnung Gottes unter den Menschen! Er wird in ihrer Mitte wohnen und sie werden sein Volk sein; und er, Gott, wird bei ihnen sein. Er wird alle Tränen von ihren Augen abwischen: Der Tod wird nicht mehr sein, keine Trauer, keine Klage, keine Mühsal. Denn was früher war, ist vergangen.* [b]

Die Antwort auf die Frage, dieses *tiefere, menschliche Leid* betreffend, hängt daher wohl mit unserer Einstellung zum Leben zusammen. Wer sein ganzes Glück in diesem irdischen Leben sucht, der wird im Leid keinerlei Sinn erkennen können. Der Mensch ist aber auf einen Sinn seines Lebens ausgerichtet. [c]

---

[a] (BIBEL, 2016), S. 1413, 2 Petr 3,13

[b] (BIBEL, 2016), S. 1441/2, Offb 21, 3-4.

[c] Das ist das Ergebnis des umfangreichen Werkes von Viktor E. FRANKL (1905 - 1997), des Begründers der Logotherapie, der sogenannten „Dritten Wiener Richtung der Psychotherapie" sowie der Existenzanalyse. Von seinen zahlreichen Büchern seien beispielhaft genannt: (FRANKL, 1972), (FRANKL, 1979), (FRANKL, 1987).

Wenn er daher etwas als sinnlos betrachtet, wehrt sich sein Innerstes dagegen. Wird es nicht gerade dadurch erst zu tiefem Leid?

Gott selbst hat versucht, uns in Jesus Christus eine Antwort auf Ihre Frage, die uns ja alle betrifft, zu geben. Jesus Christus hat freiwillig schwerstes persönliches Leiden, im Sinne von seelischen und physischen Schmerzen, auf sich genommen. Er tat dies, um Gottes Liebe zu den Menschen zu bezeugen, um allen Menschen, mit ihren Fehlern und Sünden, den Weg zum Leben bei Gott in Liebe und Glück zu ermöglichen. Dieses Leiden scheint zunächst sinnlos, ja ein Ärgernis zu sein. Wie kann Gott seinem eigenen, Mensch-gewordenen Sohn das zumuten! Der Karfreitag wird eben erst aus dem Wissen um den Ostersonntag verständlich. Erst die Auferstehung von den Toten, das Wissen um das ewige Leben bei Gott, gibt ihm Sinn.

Das gilt auch für unser persönliches Leid. Es ist sicher nicht leicht im konkreten Fall, - beim Tod eines geliebten Menschen, in schwerer unheilbarer Krankheit, unter seelischen oder physischen Schmerzen - sich an dieser Antwort Gottes auf die Frage nach dem Sinn des Leidens zu orientieren. Aber es ist meiner Ansicht nach die einzige Antwort, die auch helfen kann, Leid zu tragen.

Vom Leiden Jesu können wir auch etwas für uns Wesentliches lernen: Jesus hat dieses kaum vorstellbare Leiden *freiwillig* auf sich genommen. Das geht deutlich aus den Berichten seiner Festnahme hervor. Als Judas Iskariot, der Verräter, mit einer Schar Bewaffneter kam, um ihn festzunehmen, lehnte er es kategorisch ab, von seinen Jüngern verteidigt zu werden. Als Petrus sein Schwert zog und einem Angreifer das Ohr abhieb, sagte Jesus: „ Steck das Schwert in die Scheide! Der Kelch, den mir der Vater gegeben hat - soll ich ihn nicht trinken?" Das vor ihm liegende Leiden und Sterben ist Teil des Planes Gottes mit der Schöpfung. Daher ist es auch sein eigener, persönlicher Wille, diesen Plan zu erfüllen. Er nimmt Leiden und Tod *freiwillig* aus Liebe zum Vater und zu seinen Brüdern und Schwestern, zu uns Menschen, auf sich. [a]

Wenn es uns gelingt, wie Jesus, persönliches Leid aus Liebe zu Anderen anzunehmen, dann bekommt unser Leiden nicht nur einen tieferen Sinn, es wird auch zumeist leichter zu ertragen sein. Diese Erfahrung habe ich gemacht. Die mit der „Widmung" [b] des Leidens verbundene Freiheit der eigenen Ent-

---

[a] (BIBEL, 2016), S. 1248, Joh 18, 10 - 11.; auch S. 1157, Mt 26, 51-54; S 1221, Lk 22, 49ff.

[b] Dieses „Widmen" wurde vielfach als „Aufopfern" bezeichnet.

scheidung trägt zur inneren Ruhe und Gefasstheit bei. Die in der Widmung zum Ausdruck kommende Liebe zu dem Anderen ist auch ein wesentlicher, positiver Schritt in unserer persönlichen Evolution. Wir dürfen darauf vertrauen, dass Gott in seiner Liebe unsere Widmung annimmt. So wird unsere, der Widmung zugrunde liegende, Liebe dort wirksam werden, wo wir es wünschen.

Unabhängig von dem allen müssen wir selbstverständlich alles in unserer Macht Stehende tun, um das Leid anderer zu verhindern oder zumindest zu verringern. Dazu verpflichtet uns das Gebot der Nächstenliebe!

Vertröstung auf die Ewigkeit?

Tim:

Verstehe ich Sie richtig, dass das von Ihnen erhoffte ewige Leben für die Leiden in dieser Welt entschädigen soll und wird?

Sr. Paula:

Nein, da haben Sie mich missverstanden. Diese Auffassung war und ist zwar weit verbreitet und wurde auch theologisch vielfach vertreten. Darüber hinaus meinten Viele, dass persönliches Leiden und Unglück Strafen für unsere Sünden seien. Im Alten Testament gibt es viele Beispiele für die Auffassung, dass menschliches Unheil und Leiden die Strafe für die eigenen Sünden, und sogar die Sünden der Vorfahren, seien.

Wir sollten unseren Vater im Himmel nicht zu einem Buchhalter degradieren, der fein säuberlich persönliche Fehler, gute Werke und Leiden abzählt. Und der dann im Himmel für „Ausgleichszahlungen" sorgt. Nein, nein, das Leben bei und mit Gott nach unserem irdischen Tod ist reines Geschenk, das Gott jedem von uns machen möchte. Um uns dieses Geschenk machen zu können, hat er uns ja geschaffen! Deutlich wird das zum Ausdruck gebracht im Gleichnis von der gleichen Bezahlung aller Arbeiter im Weinberg, unabhängig von ihrem Arbeitsumfang. [a]

Persönliches Leid kann aber möglicherweise dazu beitragen, dass wir die Schwerpunkte unseres Denkens und Handelns ändern und wieder mehr auf den Wegweiser Gottes achten. Diese Auffassung ist bereits im Alten Testament, im Buche Judit, zu finden. [b]

Aber eine letzte, uns zufriedenstellende Antwort auf die Frage nach dem Sinn des Leidens gibt es wohl nicht. Die Frage mündet letztlich in das Mysterium Gottes: Wir, die Geschöpfe Gottes, können unseren

---

[a] (BIBEL, 2016), S. 1147, Mt 20, 1-16.
[b] (BIBEL, 2016), S. 523, Jdt 8, 25-27

Schöpfer nicht vollkommen verstehen. Er bleibt für uns ein Geheimnis, dem wir uns nur ahnend nähern können. Das hat schon vor 2700 Jahren der Prophet JESAJA erkannt, wenn er schreibt: „Meine Gedanken sind nicht eure Gedanken und eure Wege sind nicht meine Wege - Spruch des HERRN. So hoch der Himmel über der Erde ist, so hoch erhaben sind meine Wege über eure Wege und meine Gedanken über eure Gedanken." [a]

Vom Sinn und Ziel menschlichen Lebens

Tim:

Danke. Ihre Gedankenwelt, liebe Sr. Paula, und die von Herrn Dr. Fausten, unterscheiden sich doch ganz wesentlich, aber ich meine, es gibt auch viele Überschneidungen.

Sr. Paula:

Das meine ich auch. So glaube ich mich zu erinnern, dass Dr. Fausten einmal sagte, jeder Mensch sollte seinen persönlichen Beitrag zum Fortschritt der Evolution leisten. Er sollte seine Fähigkeiten und Möglichkeiten dazu nutzen, den evolutionären Prozess weiter zu führen, ja sogar zu beschleunigen.

---

[a] (BIBEL, 2016), S. 885, Jes 55, 8-9.

Dr. Fausten:

Ja, so sehe ich das.

Sr. Paula:

Ihre Auffassung stimmt sehr gut mit unserer christlichen Überzeugung überein, dass der Mensch berufen ist, hier auf Erden am Werk Gottes, an seiner Schöpfung, mitzuwirken. Er ist berufen, ein Mitarbeiter Gottes zu sein. Wir sind ja der Auffassung, dass Gott weitgehend in und durch Menschen in dieser Welt wirkt. „Gott hat nur unsere Hände", könnte man sagen. Gott ist in gewissem Sinn auf unsere Mitarbeit angewiesen. Er braucht uns, um die Evolution fortzuführen. Wenn wir unser Leben in den Dienst Gottes stellen, dann ist das bereits Teilhabe an Gottes Leben. Nach dem irdischen Tod wird es durch die volle Teilhabe am Leben Gottes zur Vergöttlichung des Menschen führen.

Dr. Fausten:

Liebe Sr. Paula, sie haben schon eine außergewöhnliche Gabe, meine Auffassungen in die ihren umzuformen. Haben Sie vielleicht noch weitere Beispiele für Ihr Transformationstalent?

Sr. Paula

Also umformen möchte ich Ihre Aussagen wirklich nicht, dazu habe ich viel zu großen Respekt vor Ihrem Wissen. Ich freue mich nur, dass Ihre Ansichten mit meinem Glauben nicht im Widerspruch sind, ja sogar sehr gut zusammenpassen.

Ich habe tatsächlich noch einen Punkt, über den ich mit Ihnen sprechen möchte. Sie sagten doch auch, dass es die Aufgabe jedes Einzelnen sei, im Laufe seines Lebens mehr Mensch zu werden. Er sollte seine persönlichen Fähigkeiten nützen und das spezifisch Menschliche, das, was den Menschen vom Tier unterscheidet, fördern. Das bedeute insbesondere, dass jeder Einzelne die spezifisch menschliche Fähigkeit, aus mehreren Möglichkeiten frei zu wählen, nützen sollte. Er sollte die damit verbundene Möglichkeit realisieren, seine persönlichen Interessen hinter das Wohl anderer zu stellen, also auch selbstlos zu handeln.

Dr. Fausten:

Ja, so etwas habe ich gesagt, aber weshalb kommen Sie gerade jetzt darauf zurück?

Sr. Paula:

Sie, lieber Dr. Fausten, beobachten, unabhängig von religiösen Überzeugungen, die Evolution. Dabei kommen Sie zur Auffassung, dass diese im Menschen ihren zumindest bisherigen Höhepunkt erreicht hat. Für dessen Wesen kennzeichnend sei die Fähigkeit, freie Entscheidungen zu treffen. Diese Fähigkeit ermöglicht ihm auch, selbstlos zu sein.

290

Selbstlosigkeit kann man, so meine ich, auch Nächstenliebe nennen.

Ich komme, von meiner Glaubensüberzeugung ausgehend, zur gleichen Auffassung: Der Mensch ist der von Gott gewollte Höhepunkt der Schöpfung. Er ist ein Abbild Gottes, weil er fähig ist, zu lieben, denn Gott ist die Liebe selbst. Aufgabe des Einzelnen ist es, sich von den Zwängen des Tierreiches zu lösen und richtig lieben zu lernen. Man kann auch sagen: Mehr Mensch zu werden. Da stimme ich mit Ihnen voll überein. Ich meine, wir beide kommen von verschieden Ausgangspunkten zum gleichen Ergebnis. Wir beide sehen den Sinn und das Ziel unseres Lebens in gleicher Weise, wenn auch mit anderen Worten.

Dr. Fausten:

Ich fürchte, hier irren Sie sich. Wir können das konkrete Ziel der Evolution nicht erkennen. Wir kennen zwar die Richtung, in die wir gehen sollen, aber wir wissen nicht, wohin der Weg führt. Wir wissen daher auch nicht, warum wir diesen Weg gehen. Wie alle Wesen in der Evolution vor uns werden auch wir nur einen mehr oder weniger kleinen Beitrag zum Fortschritt der Evolution leisten können. Wir können vielleicht ein wenig den Sinn unseres Lebens darin sehen, dass wir die grundsätz-

liche Möglichkeit besitzen, an der Evolution mitzuwirken. Wir müssen aber durch *Versuch und Irrtum*
unseren eigenen Weg suchen und gehen, ohne wirklich zu wissen, ob er im Sinne der Evolution der
Richtige ist. Wir kennen im Grunde das Ziel unseres
eigenen Lebens nicht.

Sr. Paula:

Die Antwort auf diese Frage gibt zumindest mir das
Christentum: **Gott** ist das Ziel unseres Lebens, er
will uns in der Gemeinschaft mit sich vollenden!
Der Sinn unseres Lebens ist es daher, Gott in diesem
Leben möglichst ähnlich zu werden. Je mehr und
besser man liebt, umso ähnlicher wird man Gott.

Dr. Fausten: (Nach einer Pause)

Ihre Überlegungen setzen etwas voraus, was mir
nicht, vielleicht noch nicht, gegeben ist. Sie glauben
an Gott, im Besonderen an den Gott der Christen.
Dieser Glaube gibt Ihnen eine Vision. Sie glauben,
dass der Mensch letztlich zur Vollendung in einem
neuen Leben bei Gott gelangen wird. Wenn Sie recht
hätten, wenn das wirklich das Ziel menschlichen
Lebens wäre, dann hätte unser Leben nicht nur einen
tieferen Sinn, als ich es sehe, sondern auch einen
Grund zur Hoffnung in allen Widerwärtigkeiten.

ENDNOTE

Vorstellbar wäre, dass unter bewusster Berücksichtigung der geistigen Komponente alles
Materiellen, die selbstverständlich auch Quanten
haben müssen, die Interpretation von bestimmten
beobachteten Phänomenen in der Quantenphysik
anders sein könnte, als es derzeit der Fall ist.

Ich denke hier an eine zentrale Frage, die sich aus
der Quantenphysik ergibt. 1935 stellten Albert Einstein, Boris Podolsky und Nathan Rosen in einer,
heute meist nach den Initialen der Verfasser als
EPR-Arbeit bezeichneten, Publikation fest, dass es
nach der Quantenmechanik im Quantenbereich eine
seltsame Möglichkeit der sehr engen Verbindung
von zwei Quanten geben sollte, die zu Phänomenen
führt, die mit unseren Grundvorstellungen nicht
vereinbar sind. [a] Diese Möglichkeit, die Erwin
SCHRÖDINGER (1887 - 1961), einer der Väter der
Quantenphysik, daraufhin näher untersuchte und
„Verschränkung" nannte, [b] besagt, dass ein derart
verschränktes Paar von Quanten über beliebig große
Entfernungen getrennt sich so verhält, als „wüssten"
die Teilchen, trotz der großen Entfernung, ständig,

---

[a] (EINSTEIN A., 1935)
[b] (SCHRÖDINGER, 1935)

wie sich das andere Teilchen gerade verhält. Reagiert ein Teilchen in einer speziellen, vorher nicht bekannten Situation in bestimmter Weise, reagiert das andere Teilchen unverzögert genau auf dieses Verhalten abgestimmt.

Diese Vorhersage der Quantenmechanik wurde in unzähligen Experimenten überprüft, und kann als experimentell sehr gut überprüftes Phänomen angesehen werden. Es ist inzwischen sogar zur Basis möglicher technischer Nutzungen geworden, die unter den Bezeichnungen Quantencomputer, Quantenkryptographie und Quantenteleportation bekannt sind. [a]

Das Phänomen stellt die Wissenschaft vor eine bisher nicht wirklich gelöste prinzipielle Frage.

Nach der experimentell sehr gut überprüften speziellen Relativitätstheorie können nämlich Informationen nie schneller als mit der (Vakuum-) Lichtgeschwindigkeit übertragen werden. Unverschränkte, man könnte sagen, *normale* Quanten halten sich auch an diese Gesetzmäßigkeit. Zwischen verschränkten Quanten erfolgt aber offensichtlich der Informationsaustausch ohne Zeitverzögerung, auch wenn die beiden Quanten sehr weit,

---

[a] (ZEILINGER, 2007)

z. B. einige Hundert Kilometer, voneinander entfernt sind.

Einstein selbst hat es als „spukhafte Fernwirkung" bezeichnet und angenommen, dass daher die Quantenmechanik unvollständig sein müsse.[a]

Schon die Urväter der Quantenphysik, wie Niels Bohr oder Werner Heisenberg, gingen in ihren Überlegungen, die u. a. zur sogenannten Kopenhagener Deutung der Quantentheorie führten, davon aus, dass jedes physikalische Experiment, gleichgültig ob es sich auf Erscheinungen des täglichen Lebens oder auf Atomphysik bezieht, in den Begriffen der klassischen Physik beschrieben werden muss. Diese Begriffe der klassischen Physik bilden die Sprache, in der die Anordnung der Versuche und die Ergebnisse festgelegt werden. Diese Begriffe können nicht durch andere ersetzt werden. [b]

Entsprechen Beobachtungen diesen klassischen Begriffen nicht, besteht ein prinzipieller Widerspruch innerhalb der wissenschaftlichen Methodik. Das ist hier der Fall, denn auf Basis unserer

---

[a] Einstein konnte sich mit der „Zufälligkeit" in der Quantenmechanik nie anfreunden. Bekannt ist seine Kurzformulierung „Der Alte würfelt nicht". Die langjährige Diskussion, insbesondere mit Niels Bohr, zu diesem Thema findet man zusammengefasst in (BOHR, 1964).

[b] (HEISENBERG, 2011), S. 67.

klassischen Ansätze im Verständnis der Welt lässt sich dieses Phänomen nicht erklären. Es scheint so, als ob unsere, auch in der Naturwissenschaft bisher gültige, normale Vorstellung von Raum und Realität unhaltbar geworden sei.

Ein Teil der Physiker nimmt daher, um das Phänomen erklären zu können, an, dass unsere Vorstellungen von Raum und Entfernung für verschränkte Quanten nicht gelten können. Das widerspricht offenbar dem angeführten Grundsatz der wissenschaftlichen Methodik, wonach jedes physikalische Experiment mit den Begriffen der klassischen Physik beschreibbar sein muss.

Ein anderer Lösungsvorschlag besagt, dass die Messergebnisse gar nicht eine Eigenschaft des Quants wiedergeben, sondern vom Experimentator abhängen. Der Beobachter bestimme durch die Art der Messdurchführung das Ergebnis, und das beobachtete Ergebnis spiegle gar nicht Eigenschaften des Teilchens wider, die vor der Beobachtung, und unabhängig von dieser, existiert haben. Da stellt sich natürlich die Frage, wozu das Experiment überhaupt gut sein soll. Es gibt auch noch andere Ansätze zur Scheinlösung des Problems, die aber noch viel weit-

reichendere Veränderungen in der wissenschaftlichen Methodik bedeuten würden. [a]

Bis heute sind sich die Physiker nicht einig, wie das
Phänomen „erklärt" und der genannte prinzipielle
Widerspruch gelöst werden kann.

Vielleicht könnte die Berücksichtigung der geistigen
Komponente der Quanten zur Lösung dieser Frage
einen Beitrag leisten. Es ist eine der wesentlichen
Eigenschaften des Geistigen, dass es Raum und Zeit
überbrücken kann. Verschränkte Quanten sind
offenbar sehr eng verbundene Energiesysteme, die
als ein Gesamtsystem mit einer, beide Quanten
zusammenfassenden, Gesamt-STRUKTUR, welche
die STRUKTUREN der Einzelquanten als Unterstrukturen enthält, aufgefasst werden könnten. Diese
Gesamt-STRUKTUR bliebe auch bei der räumlichen
Trennung der Quanten erhalten, d. h., sie würde eine
ständige geistige Verbindung zwischen den Unterstrukturen darstellen. Diese geistige Komponente
könnte ohne energetische Hilfsmittel, also ohne
Begrenzung durch die Lichtgeschwindigkeit, ständig
und unverzögert dafür sorgen, dass die anfängliche
Gemeinsamkeit der STRUKTUR aufrecht bleibt.

Der klassische Raumbegriff würde bei verschränkten
Quanten für die *energetische* Komponente, aufgrund

---

[a] Nach (ZEILINGER, 2007), u. a. S. 336 - 340.

der Masse der Quanten, weiter gelten. Die Gesamt-STRUKTUR wäre aber als *geistige* Komponente dem Raumbegriff nicht unterworfen. Das wäre den Eigenschaften des Geistigen durchaus adäquat, denn Geistiges ist *raumlos* und *zeitlos*. [a] Damit wäre das Phänomen vermutlich erklärbar, denn die *geistige* Gesamt-STRUKTUR könnte ohne Einschränkungen durch die spezielle Relativitätstheorie einen ständigen Informationsaustausch zwischen den als Unterstrukturen in ihr integrierten STRUKTUREN der Quanten ermöglichen.

---

[a] Siehe Abschnitt Geistiges (S. 39).

LITERATURVERZEICHNIS

ALONSO M., FINN E.J. 2000. *Physik.* München, Wien, Oldenbourg : Oldenbourg Verlag, 2000. 3-486-25327-1.

AMTHOR, Frank. 2013. *Das menschliche Gehirn für Dummies.* [Übers.] Doren Paal. Weinheim : Wiley-VCH Verlag GmbH &Co KGaA, 2013. 978-3-527-70913-7.

BIBEL. 2016. *Die Bibel - Einheitsübersetzung der Heiligen Schrift Gesamtausgabe.* Stuttgart : Katholische Bibelanstalt GmbH, 2016. 978-3-460-44000-5.

BISCHÖFE, ÖSTERREICHS. 2013. *Gotteslob.* Salzburg : Wiener Dom-Verlag, 2013. ISBN 978-3-85351-250-0.

BOHR, Niels. 1964. Diskussion mit Einstein über erkenntnistheoretische Probleme der Atomphysik. [Buchverf.] Niels Bohr. *Atomphysik und menschliche Erkenntnis I.* Braunschweig : Friedr. VIEWEG & Sohn, 1964, S. 32 - 67.

BOSCHKE, F.L. 1970. *Die Herkunft des Lebens.* Düsseldorf, Wien : Econ Verlag, 1970. 5-450-11452-7.

BÜHRKE, Thomas. 2015. *Einsteins Jahrhundertwerk - Die Geschichte einer Formel.*

München : Deutscher Taschenbuch Verlag, 2015. 978-3-423-26052-7.

DIGEL, Werner und Kwiatkowski, Gerhard. 1981. *MEYERS Großes Taschenlexikon.* Mannheim; Wien, Zürich : Bibliographisches Institut, 1981. ISBN 3-411-01940-9.

EINSTEIN A., B.Podgolsky, N.Rosen. 1935. Can Quantum-Mechanical Description of Physical Reality Be Considered Complete? *Physical Review.* 1935, Bd. 47, S. 777 ff.

EINSTEIN, Albert. 1963a. *Grundzüge der Relativitätstheorie.* Braunschweig : F.Vieweg & Sohn, 1963a.

—. 1963. *Relativitätstheorie.* Braunschweog : F.Vieweg & Sohn, 1963. Originalarbeit 1916.

FRANKL, Viktor. 1979. *Der Mensch vor der Frage nach dem Sinn.* München : R.Piper& Co, 1979. 3-492-02492-0.

FRANKL, Viktor E. 1972. *Der Wille zum Sinn.* Bern : Verlag Hans Huber, 1972. 3-456-30526-5.

FRANKL, Viktor. 1987. *Logotherapie und Existenzanalyse.* München : R.Piper GmbH & Co. KG, 1987. 3-492-03113-7.

GOETHE, Johann Wolfgang von. 1871. *Goethes sämtliche Werke in 40 Bänden.* Stuttgart : Cotta'sche Buchhandlung, 1871. Bd. 11.

HAKEN, Hermann. 1981. *Erfolgsgeheimnisse der Natur.* Stuttgart : Deutsche Verlags-Anstalt, 1981. 3-421-02724-2.

—. **1982.** *Synergetik.* [Übers.] A. Wunderlin. Berlin, Heidelberg, New York : Springer, 1982. 978-3-642-96663-7.

HEINSE, Johann J.W. gutzitiert.de. [Online] [Zitat vom: 31. 03. 2018.]

HEISENBERG, W. 2011. *Physik und Philosophie.* Stuttgart : S.Hirzel Verlag, 2011. 978-3-7776-2153-1.

JANTSCH, Erich. 1982. *Die Selbstorganisation des Universums.* München : Deutscher Taschenbuch Verlag GmbH & Co. KG., 1982. 3-423-04397-0.

JORDAN, Pascual. 1972. *Erkenntnis und Besinnung.* Oldenburg : Gerhard Stalling, 1972. ISBN 3-7979-1937-9.

KASPER, Walter. 2006. *Lexikon für Theologie und Kirche.* Freiburg im Breisgau : HERDER, 2006. 978-3-451-22012-8.

KLINGER, Elmar. 1973. *SEELE, HERDERS Theologisches Taschenlexikon.* [Hrsg.] Rahner Karl. Freiburg : HERDER KG, 1973. S. 393 ff. Bd. 6. ISBN 3-451-01956-6.

KÖNIG, Franz. 1994 (1985). *Der Glaube der Menschen.* Wien : Herder & Co., 1994 (1985). 3-210-25072-3.

MATURANA, Humberto und Francisco, VARELA. 2015. *"Der Baum der Erkenntnis".* Frankfurt/Main : Fischer, 2015. 978-3-596-17855-1.

MEDIA, Thema. *Astronomica.* s.l. : Komet Verlag GmbH Köln. ISBN 3-89836-327-9.

NEIS-BEECKMANN, Petra. 2015. *Molekularbiologie für Dummies.* Weinheim : WILEY-VCH Verlag , 2015. 978-3-527-71151-2.

NEUNER-ROOS. 1971. *Der Glaube der Kirche.* Regensburg : Friedrich Pustet, 1971.

OBERHUMMER, Heinz. 2008. *Kann das allesZufall sein?* Salzburg : Ecowin Verlag GmbH, 2008. ISBN 978-3-902404-54-1.

POPPER, Karl. 1987. *"Die erkenntnistheoretische Position der Evolutionären Erkenntnistheorie" in "Die Evolutionäre Erkenntnistheorie".* [Hrsg.] Rupert Riedl und Franz Wuketits. Berlin und Hamburg : Verlag Paul Parey, 1987. ISBN 3-489-62934-5.

RASCHE, G. und Waerden, B.L.van der. 2011, 8. Aufl.. *"Werner Heisenberg und die moderne Physik" in Werner HEISENBERG Physik und Philosophie.* Stuttgart : S. Hirzel, 2011, 8. Aufl. 978-3-7776-2153-1.

SCHALLNUS, Ricarda. 2005. Mitarbeiterqualifizierung und Wissensnutzung in

Konzernen und Unternehmensnetzwerken. *Dissertation FU Berlin.* Berlin : s.n., 2005.

SCHILLER, Friedrich. 1953. *Schillers Werke in zwei Bänden.* Ludwigsburg : Eduard Kaiser Verlag, 1953.

SCHRÖDINGER, E. 1935. Die gegenwärtige Situation in der Quantenmechanik. *Naturwissenschaften.* 1935, Bd. 23, S. 807, 823, 844.

SPLETT, Jörg. 1973. *UNSTERBLICHKEIT, in Herders Theologisches Taschenlexikon,.* [Hrsg.] Karl RAHNER. Freiburg : Herder, 1973. S. 397 - 400. Bd. 7. 3-451-01957-4.

STRÖHLE, Andreas. 2012. Dissertation Uni München. *Zufall und absolute Willensfreiheit aus ontologischer Perspektive.* München : s.n., 2012.

TEILHARD de CHARDIN, Pierre. 1959. *Der Mensch im Kosmos.* München : C.H.Beck, 1959.

THIRRING, Walter. 2004. *Kosmische Impressionen.* Wien : Molden, 2004. ISBN 3-85485-110-3.

WEINBERG, Steven. 1977. *Die ersten drei Minuten.* s.l. : R.Piper & Co. Verlag München zürich, 1977. ISBN 3-492-02308-8.

WIKIPEDIA. 2017 f. Anthropisches Prinzip. [Online] 2017 f. [Zitat vom: 21. 10 2017 f.]

—. **2017e.** Antiwasserstoff. [Online] 2017e. [Zitat vom: 16. 09 2017.]

—. **2018a.** Chemische Verbindung. [Online] 29. 06 2018a. [Zitat vom: 18. 02 2018.]

—. **2010.** DEMOKRIT. [Online] 2010. [Zitat vom: 8. 4 2010.]

—. **2017d.** Deus ex machina. [Online] 2017d. [Zitat vom: 13. 10 2017.]

—. **2017g.** Fischer-Tropsch-Synthese. [Online] 2017g. [Zitat vom: 12. 08 2017.]

—. **2018 b.** Höhlenmalerei. [Online] 2018 b. [Zitat vom: 04. 05 2018.]

—. **2017a.** Ilya Prigogine. [Online] 2017a. [Zitat vom: 16. 07 2017.]

—. **2018.** Information. [Online] 2018. [Zitat vom: 18. 01 2018.]

—. **2017c.** Katalysator. [Online] 2017c. [Zitat vom: 10. 09 2017.]

—. **2017b.** Manfred Eigen. [Online] 2017b. [Zitat vom: 09. 08 2017.]

—. **2015.** Teilhard de Chardin. [Online] 2015. [Zitat vom: 10. 02 2015.]

ZEILINGER, A. 2007. *Einsteins Spuk.* München : Goldmann, 2007. 978-3-442-15435-7.

ZHANG, Z.F. 2013. *Atomar auflösende Elektronenmikroskopie: Mehr als nur Bildgebung.*

Leoben : Habilitation Montanuniversität Leoben, 2013.

ZUCKMAYER, Carl. 1973. *Des Teufels General.* Frankfurt am Main : Fischer Taschenbuch, 1973. 978-3-596-27019-4.

NACHWORT

Sehr geehrte Leserin, sehr geehrter Leser!
Nun haben Sie sich bis zum Ende durchgearbeitet.
Ich danke Ihnen für Ihre Hartnäckigkeit, Mühe und
Ausdauer! Es würde mich sehr freuen, wenn die
dargelegten Gedanken für Sie von Interesse waren.
Unter der Adresse seele1@gmx.net können Sie,
wenn Sie möchten, mit mir in Kontakt kommen.

Dieses Buch hat eine lange Entstehungsgeschichte
und viele Freunde haben mich durch Jahre dabei
begleitet. Ihnen einzeln zu danken ist leider nicht
möglich. Stellvertretend für sie alle darf ich Herrn
Mag. Dr. Peter BRAUCHART und Herrn Mag. Dr.
Klaus GAIG aufrichtig Dank sagen. Sie haben ge-
duldig mit viel Zeitaufwand immer wieder neue
Entwürfe des Buches in den verschiedenen Stadien
durchgesehen, stundenlang mit mir diskutiert und
zahlreiche Vorschläge von recht unterschiedlichen
Standpunkten aus gemacht. Vor allem aber haben sie
mir immer wieder Mut gemacht, durchzuhalten.

Last, but not least möchte ich meiner Frau Elisabeth
ganz herzlich für die Geduld und ihr Verständnis
danken. Sie musste auf manches des Buches wegen
verzichten. Nun, im 57. Ehejahr, werde ich versuchen, mich zu bessern!